阅读成就思想……

Read to Achieve

穿越迷茫
战胜成长焦虑

[英] 布赖迪·加拉格尔（Bridie Gallagher）
苏·诺尔斯（Sue Knowles） ◎著
菲比·麦克尤恩（Phoebe McEwen）

段鑫星 司莹雪 刘莞毓 ◎译

The Anxiety Survival Guide
Getting through the Challenging Stuff

中国人民大学出版社
·北京·

图书在版编目（CIP）数据

穿越迷茫：战胜成长焦虑 /（英）布赖迪·加拉格尔（Bridie Gallagher），（英）苏·诺尔斯（Sue Knowles），（英）菲比·麦克尤恩（Phoebe McEwen）著；段鑫星，司莹雪，刘莞毓译. -- 北京：中国人民大学出版社，2021.11
 ISBN 978-7-300-29610-4

Ⅰ. ①穿… Ⅱ. ①布… ②苏… ③菲… ④段… ⑤司… ⑥刘… Ⅲ. ①焦虑－心理调节－通俗读物 Ⅳ. ①B842.6-49

中国版本图书馆CIP数据核字(2021)第201176号

穿越迷茫：战胜成长焦虑
  布赖迪·加拉格尔（Bridie Gallagher）
[英] 苏·诺尔斯（Sue Knowles）   著
  菲比·麦克尤恩（Phoebe McEwen）
段鑫星 司莹雪 刘莞毓 译
Chuanyue Mimang: Zhansheng Chengzhang Jiaolü

出版发行	中国人民大学出版社		
社　　址	北京中关村大街31号	邮政编码	100080
电　　话	010-62511242（总编室）		010-62511770（质管部）
	010-82501766（邮购部）		010-62514148（门市部）
	010-62515195（发行公司）		010-62515275（盗版举报）
网　　址	http://www.crup.com.cn		
经　　销	新华书店		
印　　刷	天津中印联印务有限公司		
规　　格	148mm×210mm　32开本	版　次	2021年11月第1版
印　　张	6.25　插页1	印　次	2021年11月第1次印刷
字　　数	121 000	定　价	59.00元

版权所有 侵权必究 印装差错 负责调换

推荐序

当我们面临不确定又重要的事情时,就会担心、害怕、惴惴不安,这种情绪就是心理学中所说的焦虑。

每个人都会焦虑,在面临考试、面试以及与领导谈话前,人们都会感到焦虑。大部分焦虑都是正常的,甚至有一定的好处,但是,如果动辄焦虑,或焦虑过于严重,会给正常生活和工作造成困难和危害,就可能导致焦虑症。该病表现为无明确原因的恐惧,伴随着一些植物神经症状,如头晕、胸闷、心慌、呼吸急促、口干、尿频、尿急、出汗、震颤等。

根据调查,我国年轻人中的焦虑问题也普遍存在,有严重焦虑的比例甚至接近5%,而广大教育工作者和父母往往对这些问题看不准,或束手无策。

读了段鑫星等人翻译的《穿越迷茫：战胜成长焦虑》一书，感觉这是一本既科学又实用、普通人容易看懂的书，其对象主要是18~25岁的年轻人。这个年龄段的年轻人面临着成长中的各种困难，如人际交往、结交朋友、寻找另一半、各种考试、就业面试和职场中的各种难题，等等。应该怎样看待和处理焦虑已成为每个年轻人经常遇到的问题。

本书的优势在于，基于研究结果为人们提供了许多比较可信、可靠又实用的建议和处理方法。

因此，通过阅读本书：轻度焦虑的年轻人可以实现自我疗愈；对于重度焦虑的年轻人，应该及时治疗；教育工作者和父母可以了解焦虑，既有助于解决他们自己的焦虑问题，又可以找到一些解决自己的学生或子女的焦虑问题的办法。

为此，我向广大青少年读者、教育工作者和家长推荐这本书。

陈会昌

北京师范大学心理学院教授、博士生导师

译者序

焦虑本身是人类在情感方面的一种正常反应，但是过度的焦虑会影响我们的正常生活，导致注意力下降、学习或工作效率降低、逃避社交、食欲不振、失眠等。2019年2月，英国知名杂志《柳叶刀·精神病学》(*The Lancet Psychiatry*)发布的中国首次全国性精神障碍流行病学调查报告显示，中国成人任何一种精神障碍（不包含老年痴呆）终生患病率为16.57%，其中焦虑症患病率最高，达4.98%。[1] 成年后，我们步入社会，思维逐渐明晰，学业、婚姻、家庭的压力接踵而至，我们开始意识到自己或身边人焦虑的频率越来越高。《健康中国行动（2019—2030年）》提出了健康中国建设的具体目标和明确任务，指出"加强心理健康促进，有助于促进社会稳

---

[1] Huang Y, Wang Y, Wang H, et al. Prevalence of mental disorders in China: a cross-sectional epidemiological study[J]. The Lancet Psychiatry, 2019.

定和人际关系和谐，提升公众幸福感"。心理健康问题越来越受到国家、社会的重视。

现实生活中，仍有很多人不把精神障碍及心理问题当成严重的事情。其实，焦虑感爆棚，心理压力过大，都会让自己的身心深受其害。你感到焦虑吗？你的焦虑从何而来？你知道你的焦虑究竟想给你传达什么信息吗？焦虑这种情感有什么作用？我们该如何减少焦虑带来的消极影响，减轻压力，让自己的生活幸福多一点呢？相信你可以从《穿越迷茫》这本书中找到答案。

《穿越迷茫》一书共分为3个部分、12个章节，通过对多个真实案例的解读，分析了焦虑的表征及产生的原因，希望能够帮助那些在身体、自我意识和人格迅速发展过程中面临多种危机，出现各种心理、情绪和行为问题的年轻人，给予他们管理焦虑的实用性策略。下面为大家介绍各部分的内容：

第一部分（第1~2章）：介绍了成年期的焦虑，以及如何应对未知的事情；

第二部分（第3~7章）：介绍了焦虑症患者如何去应对社交活动、求职面试等更难的事情；

第三部分（第8~12章）：根据焦虑可能导致的问题以及所需的技能，给出一些切实可行的建议，以确保焦虑不会对人的生活产生负面影响。

本书由段鑫星教授及其硕士研究生司莹雪、刘莞毓以及本科生王依朵、沙裕灏、韩译心、王玉、李卓航共同翻译完成。在翻译过程中，段鑫星教授负责本书翻译示例、统稿以及审校。由于水平和时间所限，译作难免出现错漏之处。诚请各位同行专家及每位读者不吝指正，以便今后进一步修订完善。

感谢中国人民大学出版社给予的支持！

段鑫星
2021 年 3 月于矿大

前　言

这本书是为那些因成年带来的种种变化而正经历着挣扎的年轻人而写的。我们三个人都知道，向成年的过渡既令人兴奋又令人极度焦虑。我们想写一本书，不仅提出应对焦虑的策略，还为18~25岁的年轻人提供一些专家建议，帮助他们应对重大的转变和挑战。

大量的媒体报道和最近的证据表明，年轻人正在与孤独和心理健康做斗争。同时，由于财政紧缩政策，为陷入困境的人们提供联系和支持的服务正在减少。考虑到这一点，我们提出了一些管理焦虑的想法，这些想法基于从专业人士那里得到的临床证据以及许多"真实"的个人故事和案例，他们曾经和你有着相同的处境。有的投稿人使用真实姓名，也有的使用化名。

社交、友谊、学习、独立生活、面试和工作压力都是成年后的重要任务，因此我们针对这些问题给出了管理焦虑的具体建议，包括逐渐康复的故事以及来自年轻人、讲师、课程导师和人力资源经理的专业建议。我们还讨论了如何管理不确定性，让内心平静和自我护理，这些是每个人都需要的技能，将会产生积极的影响。我们已经（从我们的经验和工作中）证实，这些技能可以缓解生活压力和紧张感。

唯一直接谈论我们所谓的"问题焦虑"的章节与惊恐障碍和强迫症（Obsessive-compulsive disorder，OCD）有关，但我们在所有章节中都包含了大量基于证据的实用策略，这样你就可以尝试不同的方法，看看哪一种更适合你。

你可能会根据你所处的生活境遇以及让你感到焦虑或有压力的事情，时不时地翻阅这本书。下面的简要概述可以帮你浏览本书，并找到你所需要的内容。

第一部分介绍了成年期的焦虑和如何应对未知的事情。通过阅读第 1 章，你能够思考成年的艰难之处（包括过来人的故事），反思不同的应对方式和相处方式会如何影响你应对成年期的挑战。在第 2 章中，我们将思考一些实用的方法，当你面对许多变化和决定时，你可以用这些方法来应对不可避免的"未知"。

第二部分，我们继续思考一些可能让你感到焦虑的事（比如社交活动），或者即便你很自信也会存在的压力和焦虑（比如面试和棘手的工作环境）。在撰写本书时，我们采访了很多年轻人，也证实了我们之前的猜测：成年早期最大的一个挑战就是交朋友和社交。因此，我们将重点放在第 3 章上。在这一章中，我们会探讨社交尴尬和焦虑，并谈论一些从参加调查的18~25岁青年身上得到的建议。

第4章聚焦于社交情况。这里使用的方法可以帮助你处理对任何事情的焦虑想法。我们知道焦虑会干扰你有效学习的能力，而成人学习不同于在校学习。因此，在第5章中，我们将介绍焦虑是如何影响你的学习的，并针对专业课程、大学课程或职业资格考试等给出很多实用的策略，以帮助你学习和复习。这一章中包含了一位多年来一直为学生提供支持的讲师兼课程导师的建议。在大学或学院里读书，通常意味着人们在18岁时就离开家了，因此，第6章是关于如何更好地过渡和应对这一时期的快速指南，它着重讲述了离开家和搬出去的细节。

参加求职面试是令大多数人都感到焦虑的一件事情，在第7章中，有很多应对面试焦虑的技巧，也有一些来自专业人士的建议。当你已经拥有一份工作后，并不意味着所有的压力都已消除。因此，我们进一步介绍管理工作压力和焦虑的实用方法。

第三部分旨在提供一些实用建议以及所需技能，从而帮助你更好地处理焦虑引发的相关问题，以确保焦虑不会影响你的生活，或者阻碍你需要做的事情。

第8章和第9章介绍了惊恐障碍和强迫症这些特定类型的焦虑，并提供了一些应对策略，但重点在于加深对这些特定类型焦虑的理解。你要相信，你并不是孤身一人，还有很多人在陪着你。这些内容和建议会对你有所帮助，如果你想要了解更多，我们还会向你推荐一些优质资源，以让你获得更具体的帮助和干预措施。我们之所以选择把恐慌和强迫症包括在内，是因为患者觉得这些问题可能更容易被污名化或被误解。

第 10 章涵盖了许多具有实用性的建议，比如通过睡个好觉来改善当下糟糕的状况，但是需要减少像酗酒和吸毒这样无益的应对策略。我们坚信，正确的自我照顾是管理压力和焦虑的关键。但在成长的过程中，有些保持冷静和健康的技能无法从书本中或长辈身上学到，因此每个人都应该阅读本章内容。

同样，第 11 章对任何人都有帮助。越来越多的证据表明，作为一种活在当下的能力，正念是一种可以帮助人们保持冷静和健康的技能，当你处于过渡阶段或者当焦虑主导你的生活时，这种技能尤其有用。第 11 章有很多关于如何将正念运用到日常生活中以及如何让正念帮助你平心定气的方法。在第 12 章中，我们考虑如何与人们谈论焦虑以及其他来源的支持和建议。

我们设想的是，你会在这本书的不同章节里或多或少地看到自己的影子，然后来回翻看这本书。对我们来说，最重要的是，让你知道你不是一个人在承受压力和焦虑，与焦虑做斗争是很多人生活的一部分。这的确很艰巨，也很有挑战性，但不是什么可耻的事。我们相信，如果你能学会容忍不确定性和焦虑，找到能让你平复心情的方法，那么你就是一个真正的成年人了！我们很高兴能听到这样的消息！

目 录

01 第一部分

为什么成长会让我们焦虑 /001

第 1 章 | 长大成人,意味着什么 /003
从青少年到成年所面临的挑战 / 004
长大成人的喜悦与苦恼 / 006
长大了,凡事都得靠自己 / 007
离家独自闯世界 / 010
成长压力带来的焦虑挑战 / 011
直面你的"问题焦虑" / 015

第 2 章 | 不惧未来,活在当下 /021
为何如此难以抉择 / 024
"安全行为"给不了你安全感 / 024

The Anxiety Survival Guide
穿越迷茫：战胜成长焦虑

做错决定也没关系 / 026
学会接受未来的不确定性 / 027
挑战自己，从小事做起 / 028
让智慧思维帮你做决定 / 029
不完美也是一种美 / 034

第二部分
035

如何应对初入社会的焦虑 / 035

第3章 | 不做"肥宅"，扫除社交焦虑的阴霾 / 037

克服社交恐惧 / 039
什么是社交焦虑 / 043
是什么让事情变糟 / 043
"安全行为"不一定能让你平复焦虑 / 045
行为实验：安全行为与对立行为 / 046
了解你的社交恐惧来自哪里 / 048

第4章 | 当有焦虑想法时，你该怎么办 / 051

害怕什么，就去做什么 / 052
焦虑会影响你看待世界的方式 / 054
让你被焦虑"劫持"的10个错误想法 / 055
挑战焦虑想法练习 / 059
寻找证据，让焦虑不再成为问题 / 064
从消极的自我对话中走出来 / 065

目 录

第 5 章 | 战胜学习焦虑 / 067

在成人的世界里学习 / 068

逃离当下，只会让你更焦虑 / 069

应对焦虑的有效方法——自律 / 070

给予自己积极的心理暗示 / 071

设定目标和优先级 / 072

营造良好的学习氛围 / 073

第 6 章 | 成年的标志：独自生活 / 081

直面告别焦虑 / 082

为独自生活做足准备 / 083

保持内心的平静 / 085

学会告别 / 088

主动寻求帮助 / 089

多给自己一些时间适应 / 089

第 7 章 | 职场焦虑：如何平衡工作和生活 / 093

缓解面试焦虑的 10 个技巧 / 094

来自面试官的建议 / 098

7 招学会应对职场焦虑 / 103

03 第三部分 115

焦虑情绪自救 / 115

第 8 章 应对惊恐发作 / 117
为什么焦虑会演变为恐慌 / 121
克服恐慌的方法 / 122
让自己变好 / 124
练习,练习,再练习 / 125

第 9 章 摆脱心中的"白熊":强迫症的康复之旅 / 129
强迫症的侵入性思维 / 130
你为什么会患上强迫症 / 132
逃离螺旋式怪圈——控制症状的有效方法 / 134
克服羞耻感 / 135

第 10 章 如何在充满压力的世界中保持冷静和健康 / 139
应对焦虑情绪清单 / 140
掌控焦虑情绪的关键策略 / 145
放纵只是一种"速效药" / 151
因极度焦虑而引发的自伤行为 / 153
制订自我保健计划 / 153

第 11 章 | 用正念缓解焦虑情绪　/157

正念练习 1：聚焦食物　/ 159
正念练习 2：聚焦声音　/ 161
其他集中注意力的正念活动　/ 161
正念练习 3：正念呼吸　/ 162
像溪流中的树叶一样放空自己　/ 164
正念练习 4：身体扫描　/ 165
正念练习的注意事项　/ 167

第 12 章 | 接纳焦虑的自己，学会求助　/171

学会示弱　/ 172
向他人吐露心声　/ 172
焦虑不是你的错　/ 175
求助专业人士　/ 176

第一部分

为什么成长会让我们焦虑

The Anxiety
Surviva1 Guide
Getting through
the Challenging
Stuff

第 1 章
长大成人,意味着什么

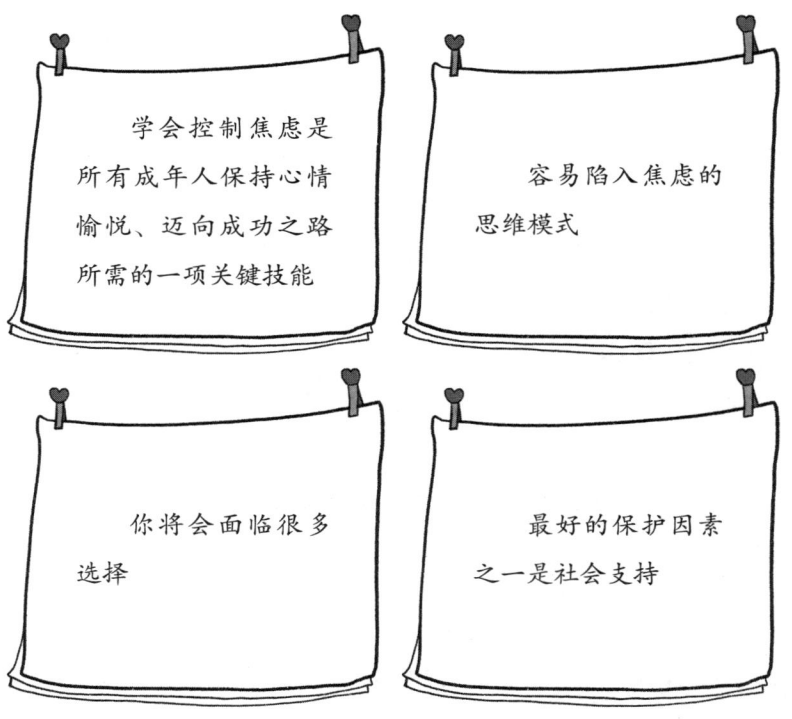

我们希望你选择这本书是因为你想学习如何应对成年的挑战和随之而来的焦虑。当我们谈论进入成年期或者"新"成年人时，通常指的是18~25岁的人，尽管苏和布赖迪仍在努力让人们相信他们属于这一群体。

我们之所以想写这本书，是因为无论你在哪里、多大年龄，你都要做出很多选择。这些选择可能是：住在家里还是搬出去？是继续学习，还是找一份工作？也可能是关于恋爱关系和朋友圈的选择。同时，你也会面临一些新的责任，例如支付账单、购物或者照顾家人。对很多人来说，这可能会带来压力，并进一步引发很多焦虑。

也许你现在还没准备好做出决定，或者你只是想拼命努力地过好每一天。生活需求所带来的变化和不堪重负的感觉是引发焦虑的常见诱因。因此，我们能够理解，从少年期过渡到成年期可能是一段艰难的时期。那些过去充满自信、没有焦虑的人可能会开始遇到困难，因为成年生活的需求超出了他们的应付能力。或者你可能有焦虑病史，那你也需要一些额外的帮助来思考如何应对未来几年可能面临的新挑战。

从青少年到成年所面临的挑战

当我们为患有焦虑症的青少年编写《我的焦虑手册：重回正轨》(*My Anxiety Handbook: Getting Back on Track*)这本书时，我们意识到，当人们从青少年成长为成年人时，焦虑的情况可能更为复

第 1 章 长大成人，意味着什么

杂。作为一个成年人，你可能不再需要担心宵禁或家庭作业，但你可能会面临新的责任和情况，你可能需要独自面对来自他人（也许是你自己）的高期望。撒马利亚人最近进行的一项调查发现，40%的 16~24 岁的青少年有时会因自己的问题而感到不知所措，但超过半数的人认为谈论自己的感受会给自己带来很强的耻辱感，因此他们更倾向于假装自己在应对这些问题，以免被视为"怪异"。英国广播公司（BBC）进行的一项关于英国人孤独感的大型调查也显示，16~24 岁的人感到孤独的频率和强度高于其他任何年龄段。

我们知道，千禧一代的英国青年遭遇了比他们父辈更差的经济状况。媒体不断强调这是多么大的压力：年轻人支付高昂的学费、高昂的房租甚至买不起房。通过社交媒体与朋友和名人进行比较所带来的持续压力，对他们来说也无济于事。问题是，你会突然醒悟，从某种意义上来说你已经成年了，这些都是成年后要思考的问题。从法律的角度来看，一个人在 16 岁、18 岁或 21 岁生日时似乎一夜之间就长大成人了，但实际上真正成为一个成年人需要相当长的时间，他们的状态可以说是长大未成人，成年的过程是需要付出很多努力的。

这本书将帮助你度过成年的过渡期，同时也学习如何管理随之而来的焦虑。学会管理焦虑是所有成年人获得成功和拥有良好感觉所需要的关键技能。对很多人来说，焦虑可能是阶段性的问题，大约五分之一的成年人患有焦虑症，这会导致他们在某个阶段出现严重问题。

长大成人的喜悦与苦恼

当我们处于儿童和青少年阶段时，常常渴望有一天不再被身边成年人，包括父母、监护人和老师的期望所束缚。"成年"这个字眼听起来很美妙，因为我们可以"随心所欲"地做想做的事。不过，你喜欢什么？你一生想做什么？当你的生活突然变得截然不同时，你如何维持与朋友间的友谊？当你不用工作和读书时，你打算和谁一起共度时光？当你和父母、兄弟姐妹住在一起或分开时，他们在你的生活中扮演什么角色？如图1–1显示了孩子在长大成人后需要

图 1–1　长大成人面对的三大问题

面对的三大问题。这些都是大问题,而赚钱、追求职业目标、适应独立生活或为家庭做出更多贡献等相互矛盾的要求会让人感到不知所措。仅仅有很多选择就会导致焦虑,更不要说做决定了!作为一个成年人,通常很少有规则和人来约束你;随着人们对你"独自应对"问题的期望值越来越高,你可能会依赖一些不太有用的方法来管理你的焦虑——比如试图忽略它、饮酒或逃避那些让你感到焦虑的事情。

长大了,凡事都得靠自己

这似乎是一个令人沮丧的标题,然而,除了成年带来的令人兴奋的挑战之外,我们还必须处理好分离和失去的问题。成人的过程包括与家庭分离、找准定位并闯出一片属于自己的天地。人们开始更多地关注朋友以及在更广泛的社区中进行管理的能力。童年时期分离和失去的经历,可能会对我们如何处理这一问题,以及当事情让你举步维艰并让你出现焦虑感时所采用的应对策略产生重大影响。在这一点上,与父母和家庭的分离可能对你来说无关紧要,因为你已经体会过独立和分离的感觉了;也许你在摇头表示否定,你永远不会和你的父母或监护人分开。当你在成长过程中与家人分离时,你可能感觉自己已经不再是家庭的一部分,这或许是一种自我暗示和成长,也可能是一种解脱。也许你会开始意识到,如果你继续像以前那样凡事靠自己,又或者继续和家人一起生活、安于现状,那么你的生活也不会有什么改变了。

你可能会觉得自己能够独当一面，不需要其他任何人的帮助，在遇到困难或灰心丧气时可以从容应对生活琐事，把消极情绪抛在脑后。我们会把这种关系类型描述为"回避型依恋"，但这并不意味着你逃避人际关系或被他人孤立，你可能很外向、有很多朋友，但是在遇到困难时，你只是不愿意分享你的感受，也不允许别人帮助你而已。相反，你可能会在工作时压抑心烦意乱的情绪，也可能会全身心地投入到一个项目或活动中。在其他人看来，你似乎总是有条不紊，不受困难的影响，而实际上，你想要努力与他人交流你的真实想法和感受。当你感到迷茫、焦虑不安时，你可能不相信其他人会感同身受并助你一臂之力。作为一个成年人，如果你用这种方法来处理人际关系，表面上看起来可以从容应对，但是当你一个人承受不了，需要他人的支持时，把问题憋在心里会让你陷入进退两难的境地。

你以前可能没有向他人寻求过帮助，你不知道该怎么开口，甚至当你开口求助时会感觉很别扭。你往往会忽视、压抑焦虑和痛苦的感觉，然而，一段时间后，这些情绪会以意想不到的方式爆发出来。例如，你会因为一些鸡毛蒜皮的小事对某人生气，或者看到电视上的某个广告突然情绪崩溃、哭泣。我们称之为"叮，叮，砰！"这种突然的情绪爆发可能会让你大吃一惊，并强化你需要隐藏情绪的想法，因为这种爆发令人害怕、令人意外，甚至令人无法接受。你觉得有必要隐藏真实的自己，去创造一个"虚假的自我"呈现给世界。你的潜意识里觉得这样做是正确的，如此一来，你会更有安全感，不会让别人左右你的情绪；然而，这正是孤独之原因所在。

学习如何与他人接触，建立可以畅所欲言（甚至是"吐槽"）的信任关系，这是管理焦虑、克服困难的关键。例如，苏知道，当她感到非常紧张或焦虑时，她会有所回避。她试图依靠自己独自熬过艰难的时光，但有时情况会变得更糟——她隔三岔五就会表现得很暴躁！随着时间的推移，苏明白了，在这种时候，最好的办法就是向身边的人倾吐衷肠，以便他们能够在她需要之时伸出援手。

许多成年人仍然与父母保持着亲密无间、相亲相爱的关系，每天与父母见面或聊天，沉浸在家庭舒适圈里。这种亲密关系往往有利于解决问题，所以我们总是鼓励人们在与焦虑做斗争时寻求外界支持。然而，作为一个成年人，你可能会陷入需要独自处理焦虑和人际关系的境地。如果你还没有找到自我处理情绪的方法，在遇到困难时仍然倾向于依赖父母，那么当面临新的"成人"状况时，你就会感到不可思议，举步维艰，有时我们将其称为"焦虑型"关系。拥有这种关系的人只有在和另一个值得信任的人在一起时，才能踏实做事，达到事半功倍的效果。当他们遇事无法独当一面时，这个被信任的人能够帮助他直面问题，静下心来思考。你在不断提高处理感情问题和应对成年挑战的能力中逐渐培养起自信心，也能帮助你做事更加得心应手、游刃有余。当你有需要时要积极寻求支持，但也不要过度依赖周围的人。

> **菲比的故事**
>
> 尽管我已经18岁，是一个真正意义上的"成年人"了，但在第三次参加高考时，我意识到自己仍然非常依赖身边的亲朋好友，不断地依靠别人的百般抚慰来应对生活中的不顺心。在与自己进行了多年的心理斗争之后，我不相信自己能够在情绪问题上应付自如，我总是逃避责任。我相信，只要我不再患得患失，即使未来困难重重，我也可以独自渡过难关。

离家独自闯世界

成年后，当我们遇到困难需要他人的支持和指导时，我们会更强烈地感受到自己仿佛失去了亲朋好友；或者，如果我们在成长过程中没有与成年人建立起信任关系，我们也会开始感受到这种失去。在你毕业或订婚、结婚等重要时刻，这种分离的悲伤可能会像你第一次失去所爱的人一样痛苦。这可能是因为，当你还是孩子或青少年时，你不会完全沉浸在悲伤中，而随着年龄的增长，你会越来越沉浸其中。

在困难重重的环境中成长起来的年轻人通常具有极强的适应力和坚强的意志，因为身边的成年人并未察觉到他们情感或生理上的需求，所以他们也会因缺少陪伴而悲伤，也会发现过去的那些应对策略并不是最佳选择。你已经是一个"成年人"了，或许你已经和曾经虐待你的父母断绝关系了，又或者你的沟通和行为方式得不到他人的回应，而现在，儿时那些差强人意的支持体系已经随风而去。寻找更有效的方式来管理焦虑吧！积极寻求他人的支持，搭建与成年人沟通的桥梁，这些能够促使你成为一个靠谱的成年人。因此，我们会在本书中提供一些实用的建议。

成长压力带来的焦虑挑战

分离、失去和过渡都是可以激活我们的"威胁系统"的因素。这些因素以及我们将在本书中讨论的其他所有挑战，将让成年的过程成为一段艰难的时光。那么，当我们承受巨大压力时，我们的大脑和身体会有什么反应？我们焦虑时的思想、情感和行为是如何相互影响的？

在第 8 章中，我们讨论了更多关于"恐慌"的内容，对身体威胁反应进行了详细的阐述，但我们认为，本书一开始先介绍压力和焦虑会对你处理思维和情感问题很有帮助。当我们发现任何一种威胁（身体或情感上）时，我们的大脑就会迅速做出反应来确保自身安全，我们称之为生存本能。想象一下，当你深夜穿过一个空旷的停车场，你听到身后有脚步声，很快你的肩膀被一只手抓住了。这时，你会有什么感觉？可能你心跳加快，身体愈发紧张，呼吸急促，肾上腺素飙升，等等。在那一刻，你会无意识地做什么，或者想做什么？可能你想转身一拳打在对方的脸上，也可能当场僵住、动弹不得，又或者撒腿就跑。那一刻你在想什么？也许你会几乎不能思考，甚至是大脑一片空白。

你可能听说过"战斗、逃跑、僵住"反应，这些都是我们进化而来的应对危险比较聪明的手段。如图 1–2 显示了大脑中有关"战斗、逃跑、僵住"反应的工作原理。脑干是大脑中最古老的部分，就在你的颅骨底部，它通过应激激素来激发我们的战斗、逃跑、僵住反应。当脑干被激活时，它会绕过或关闭我们大脑中最发达和社交能力最强的部分，即额头后面的额叶皮层。额叶皮层负责共情、解决问题和语言等功能，所以在"有威胁"的情况下，我们干脆关闭这个部分，这是情有可原的。比如，如果你被一只剑齿虎盯上，对各种情况进行利弊分析后再有所行动就没有多大意义了——当你环顾四周、确认它是否饥饿难耐的时候，你大概率已经被扑倒了。其实你有三个简单的选择：击退它；使出浑身力气逃跑；装死（僵住）。这就是为什么当焦虑来临时你往往不能集中注意力、思维清晰、掌控全局。因为当你处于突发的焦虑中，你的大脑在快速运转着指挥你做出"战斗、逃跑、僵住"的反应。当我们长期处于压力之下时，可能会出现一阵阵的急性焦虑（突然发作并持续很短一段时间的焦虑症，比如惊恐发作），或者我们可能会感到筋疲力尽，不再时刻警惕危险，安于现状。

当我们感到焦虑和压力时，很容易陷入心慌意乱的思维模式中，大脑也会欺骗我们做出错误的反应。当我们身处危险中时，大脑需要对任何可能的威胁进行预判（高度警觉）。

这样做可以确保我们的安全，但是每当遇到这种情况时，我们还是会感到无所适从、坐立不安，并且感觉危险无处不在，变得小心翼翼。当你的脑干长时间处于活跃状态（慢性压力）时，可能不

第 1 章　长大成人，意味着什么

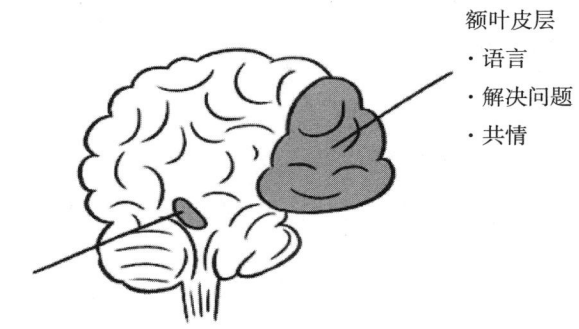

额叶皮层
· 语言
· 解决问题
· 共情

杏仁核
· 脑干
· 最古老的
· 战斗、逃跑、僵住

图 1-2　大脑中有关"战斗、逃跑、僵住"反应的工作原理

会像惊恐发作时那样（请参阅第 8 章），让你感觉自己快要死去或当场晕厥，但是你会因为过度警惕和持续的担忧而感到精疲力竭。时间一长，它就会阻碍你去做喜欢的事情，这样会让你非常痛苦，也会对你的健康和幸福产生长远的影响。

焦虑发作是有明确原因的，例如，像"我担心自己的考试成绩"这样的担忧会在你的大脑和身体中触发威胁反应（大脑释放皮质醇，增加肌肉的紧张，可能导致胃痛或浅呼吸），但你无法应对这种特殊的威胁。这时，你会感觉身体被掏空，情绪逐渐高涨，反馈到大脑中就是情势不妙（我们称之为"感觉不好，不对劲"），你还会头昏脑胀，缺乏安全感，甚至郁郁寡欢。如此一来，你会为了获得安全感而回避现实，甚至做事力不从心。这样做导致的后果是，如果你选择回避现实，就相当于在潜意识里已经承认了焦虑的想法，那你就无法深入探究内心是否真的焦虑。所以，如果你总是回避困难，那你就会越来越坚信"我禁不起大风大浪""我不能战胜自己"。

可能你之前使用的焦虑情绪管理策略现在变得毫无用处，并且对你的生活产生了负面影响。有时我们需要一些时间来休养生息，安抚我们的威胁系统；需要注意的是，不要陷入回避的循环中，克制报复性消费，也不要用酒精来麻痹自己，强迫自己获得安全感（请参阅第9章和第10章）。

菲比的故事

一年多来，我一直尽可能地避免乘坐公共交通工具，因为这让我感到焦虑。我会为了搭爸爸的车去学校而早起，我抵触独自去任何地方。我越是逃避乘坐公共交通，这个问题就越严重。后来，我甚至一看到公交车就害怕。可以想象，我的这种行为已经给身边人带来了困扰，尤其是我的父亲，他现在迫不得已成了我的私人司机。如果那时我没有因为焦虑而去回避公交车，而是努力去克服这种焦虑，那么一年后的现在，我就不会怪自己了。因为当我终于强迫自己上了公交车后才发现，我既没有被闲言碎语包围，也没有被陌生人怒目而视。

直面你的"问题焦虑"

在成年初期会有一个变化和过渡的时期,你既需要独立,也需要在一个充满压力的世界中和他人搭建新的桥梁,这时候的大脑仍然认为你需要保护自己不被伤害、不被社会排斥。这会让你产生一些非常纠结的想法和感受,我们称之为"问题焦虑"。在接下来的章节中,我们将讨论年轻人所面临的一些重大转变,并通过他们解决焦虑问题的真实事例,提供一些关于如何处理这些情况下的焦虑的想法。这些例子可以作为你的"行动指南"或人生导师;但是,我们也鼓励你与亲近的人接触,分享你的恐惧和担忧,这样他们就能给你提供更切实的支持和建议。对于面临压力和逆境的年轻人来说,最好的保护因素之一就是社会支持。这种支持可以来自社会各界,但是焦虑有时会让我们觉得孤单寂寞、情绪低落,无法解决问题,从而阻碍我们在最需要帮助的时候获得支持。

我们还会帮助你确定当前的应对策略和信念,这样你就可以退一步,看看这些应对方式是否对你有用和有效。接下来,我们将列举很多不同的应对方式,以便让你知道哪些方法更适合你。一般来说,照顾好自己——吃得好,睡眠充足,经常锻炼身体(请参阅第10章)——似乎是显而易见的建议,但当我们心乱如麻时,往往会忘记爱自己,失去前进的动力。这些方法之所以"显而易见",是因为它们真的能让你充满信心、勇往直前,为自己赢得出路。

此外,我们还将为你提供一些有理有据的建议,你可以对照这些建议发掘适合自己的处理方式,以便胸有成竹地应对新情况。比如搬出去住（见第6章），找份工作（见第7章）或成年阶段的学习（见第5章）。几乎所有章节都涵盖了相关重要人物的建议，比如在哪里可以获得其他帮助（见第12章），但我们希望这些想法和策略可以让你以积极和独立的态度面对成年过渡期。还有一些关于如何克服社交焦虑（见第3章）以及如何让以前"独自过活"的人建立新友谊和新关系（见第4章）的想法。

艾米的故事

在我生命的大部分时间里，我对"心理健康"的概念并不是很了解。某些时候我能够感同身受，但我不明白，为什么有些人在压力面前好像手无缚鸡之力。事后看来，无知便是福！

我在一个在学术和创造力方面都卓有成就的家庭中长大。18岁那年，我获得了一所顶尖戏剧学校一年预科课程的学习机会，实现了我儿时成为演员的梦想。戏剧学校往往录取率比较低（有时候录取率不到1%），而且通常需要数年的严格试镜才能被录取。接下来，我便可以如愿以偿地修完三年的全部课程了。看起来好像我的新生活逐渐步入正轨，但在第二个学期里，我的世界第一次发生了翻天覆地的变化，事情接二连三地发生：我珍爱的初恋以我被欺骗和心碎而告终；我的好朋友在事故中不幸丧生；我和闺蜜的友谊也破裂了，再也回不到亲密无间的样子了。尽管内心一次次受伤，让我悲痛欲绝、近乎崩溃，我也没有在这个节点倒下。通过多渠道的感情发泄，我慢慢地熬过了这场情绪风暴。

复试时，我得到了其他知名高校的认可，但我还是决定休学一年，回家调养身体。因为家里过去发生的事情让我心有余悸，虽然我很努力地想要寻找一种认同感，但是却还是无济于事。于是，我变得愤世嫉俗，沉迷于夜夜买醉。

然而，不可思议的事情发生了。我竟然收到了来自英国最顶尖学府的录取通知书，学制三年，培养形式为全日制，是一个相对冷门的专业，我不知道自己是否适合这个专业，但我没有理由拒绝这么好的学校。我本以为这个选择会拯救我，没想到它却差点毁了我。刚开学的那段时间，我的预感很准，我开始与严重的焦虑抗争，这种焦虑表现为慢性失眠。整晚的时间我都脑子清醒、心乱如麻，第二天只能在恐慌中度过，担心这一切又会重演。我认为课程设置既不合理也不合逻辑，坦率地说，部分授课内容带有侮辱性，学生们也被禁言。我们遭受了严重的人格侮辱和心理折磨，以至于我不再相信自己的直觉和推理。我的自我价值观大打折扣，不出所料，我陷入了深深的沮丧中，但是我没有告诉任何人。从情感上讲，我把一切都投注在了这个学习机会上，期望越高就失望越大，这直接影响了我的精神健康状况。酒精成了我的"首选药物"，帮我克服了失眠和绝望；焦虑使我躁狂，让我的情绪久久不能平静，但我也想尽力修补这种麻木的感觉，控制好我的情绪。

我的状态在20岁生日的时候跌到了谷底。医生给我开了舍曲林（抗抑郁药物），不知不觉，我产生了幻觉和严重的身体疾病。父母连夜开车接我回家，于是我开始了漫长的康复之旅。

心理辅导让我正视了内心深处的心理问题（比如决心、恐惧、无知），让我有勇气离开学校。然而，即便离开学校后，我有足够的时间和空间与人交流，我还是不知道如何控制心中的恶魔；事实上，它们控制了我。

就在那时，我找到了我的心理医生。我们一致认为，心理问题的复发会让我感到更恐惧，所以我们见面聊天都很接地气，专注于焦虑和抑郁的心理。我了解到，从根本上说，精神疾病是在试图保护我们。它们是我们内置的原始火灾报警器，因此当检测到"危险"时，它们会产生敏锐的反应，促使我们重新评估内心的想法。最重要的是，我意识到精神疾病也会"说谎"。就拿烤焦了的面包和烟雾报警器来举例，面包烤焦了很正常，这并不属于迫在眉睫的威胁，但如果烟雾报警器把面包烤焦后产生的烟雾当成非常危险的事情，就会错误地拉响警报。平衡和规律是焦虑和抑郁的牺牲品，但前者对于克服后者至关重要。一年多以前，我开始康复，经过治疗后，我的确如释重负般解脱了。对我来说，知识给了我乐观向前看的自由。这个过程不是直线式的，而是充满挑战的荆棘坎坷，但我坚信自己能战胜它们。我对表演的热情依然如故，现在我也不那么脆弱了。我会再次努力实现自己的愿望。

> 我不太感激这段经历，但我感谢在这段经历中自我意识的觉醒，能够开始理解自己的情绪。多亏了身边所有人的帮助，我不再苦苦挣扎，但我也不会否认这些坏情绪，因为我已经有足够的能力去战胜它们了，而这正是我引以为傲的地方。

第 2 章

不惧未来，活在当下

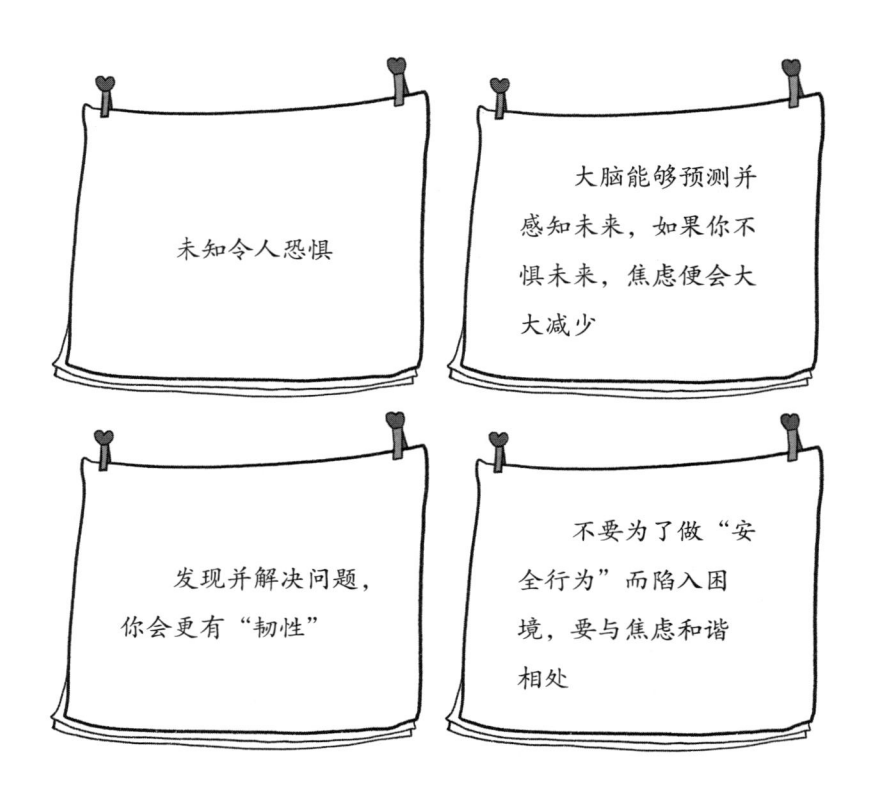

未知令人恐惧

大脑能够预测并感知未来，如果你不惧未来，焦虑便会大大减少

发现并解决问题，你会更有"韧性"

不要为了做"安全行为"而陷入困境，要与焦虑和谐相处

成年人面临的最难的一件事便是未知。未来会发生什么？将会做出哪些重大决定？这一切都是无法预知的。人们普遍渴望确定性，它能让我们有安全感，也会帮助我们打有准备之仗。当我们的内心安全感十足、能够游刃有余地工作和生活时，我们会更想去冒险和挑战自我。小时候，父母会帮我们制订计划、安排日常活动等，让我们的生活变得井井有条。可是有些时候，这些安排会让人觉得难以接受（例如，苏曾多次对她的父母大吼"别想控制我！"），但随着年龄的增长，我们突然就要自己做决定了，而且还是要做出重大决定。

有些人比较幸运，身边有值得信赖的长辈或朋友帮忙做决定，但是有些人却孤立无援，必须自己做决定，这时他们就会突然产生恐惧心理甚至无法承受。除此之外，全球范围内频发的新闻也对人的心理产生了重要影响。当人们频频听到灾难、犯罪和腐败等信息时，会觉得可怕或未知的事情近在眼前，无论这些内容是多么地不可思议。通过英国和美国的政治变革，以及我们在新闻中看到的时政内容，我们可以很显而易见地判断出：没有什么可以完全依赖，未来仍然具有不确定性，如图 2-1 所示，年轻人的未来充满了挑战。在这种情况下，我们必须明白，要尽己所能在不确定的生活中创造确定性。

我们在规划未来时，会制定明确的目标以及实现日期。我们可能有自己的梦想和期望，但同时也会有家人、朋友甚至社会的期望。很多人喜欢和别人进行比较，会觉得其他人衣食无忧、幸福美满，而自己的生活却一团糟。其实社交媒体应该对此负很大责任，因为它们总是描绘祥和安宁的生活，或者展现生活中幸福的"高光时刻"，但这些并不全是生活的真实反映。

我们在生活中都遇到过这样的场景：有人会选出自己最完美的度假照片发布到网上，照片中的他躺在沙滩边的日光浴床上，女友手里拿着一杯昂贵的鸡尾酒。后来，我们在镇上碰到他们正在当地的折扣店买东西，冲着对方大喊大叫，两个人看起来都脸色苍白、疲惫不堪。所以事情也并非总是如表面所见。

拿自己和别人比较并没有实际意义。因为我们不知道他们的生活发生了什么，也不知道他们是否在现实生活中苦苦挣扎。我们每

图 2-1 年轻人的未来充满挑战

个人都是独立的个体，在不同的时间做不同的事情，这很正常。

这一章着眼于对未来的焦虑和不确定性，如何容忍不确定性，以及进行"明智"决策的过程。

为何如此难以抉择

影响决策特别是重大决策的原因有很多。一方面可能是有的人从未自己做过决定，都是听从别人的建议；另一方面可能是他们之前所做出的决定很失败，导致他们没有足够的信心去做出下一个决定。实际上，我们在人生的不同阶段都会做出各种各样的决定，有时做出的决定可能比其他人的更成功，但我们永远都无法预料孰好孰坏。人们可能还会害怕失败——别担心，继续学习这一章，了解为什么失败并不一定是件坏事。这种对未来的不确定性和未知性可能会令人恐惧。人们在做决策时特别纠结的一个原因是，当我们选择其中一个选项时，会感觉其他选项都与自己无关了，这被称为"存在恐惧"。

"安全行为"给不了你安全感

未知的想法可能令人恐惧。当生活变得难以预测时，我们会感到不安全和不确定。为了消解这些感受，我们经常采用不同的策略或"安全行为"。它包括以下内容。

- 独立做事（而不是受别人控制）。例如，苏在工作中总是很难把事情委托给别人，因为焦虑感让她想要自我掌控。但是，在领导的鼓励下，她在放权方面已经做得更好了。
- 实时监控——不断地询问别人事情的进展，看看他们能否胜任，而不是"相信过程"（或者相信事情会按计划进行）。
- 准备备选方案——制订计划、列表、图表等备选方案，在细节上做好把控并尽可能预测到可能会发生的事。例如，布里蒂坦白自己有两个不同的本子，分别是工作日记和家庭日记。
- 事无巨细，避免任何不确定性——包括新的环境中受其他人控制的情况、已经轻车熟路但突发意外的情况等。但是，这种方式可能会让生活乏味。
- 拒绝做出决定，甚至拒绝其他人帮你做决定。
- 忙于其他事务却忽略需要做决定的事情。
- 三番五次检查所有东西。例如，菲比在检查了很多遍个人陈述之后，才将其交给导师。

你是否意识到自己正在做上述事情？虽然这些模式在短期内可能有所帮助，但也会妨碍你自如地做决定（其实你可以做出令人满意的决策），影响办事进程。有时我们把担忧或焦虑的事情变成安全感，仅仅是因为做了上述事情（这就是为什么将它们称为"安全行为"）而不是已经战胜了焦虑。这些行为实际上会阻止我们验证自己是否能够应对决策中的不确定性，也会阻止我们面对事实——我们并不知道会发生什么，但也无法控制一切。

做错决定也没关系

大脑能够预测并感知未来，如果你不惧未来，焦虑便会大大减少。我们深知对任何事情都不可能完全确定，即便你对某件事深信不疑，也会有 0.01% 的概率出现问题。那么，获得确定性的利弊到底是什么？在这里有必要一探究竟。

尝试获得确定性

优点：如果你能确定某件事情，那会让你感到更安全。

缺点：你不可能对任何事情都有百分之百的把握，这会花费大量的时间和精力，甚至引起重度焦虑。还会阻碍你勇往直前，甚至是逃避。

允许不确定性

优点：如果能做到这一点，那么可以应付绝大部分事情。

缺点：一开始会很困难，也很让人担惊受怕。

做决定的时候，别太担心对错，要试着接受未知或没有计划的事情，这样会让我们更自如地做决定（也会让我们获得更多的乐趣）。当你面对不确定性的时候，想一想你是如何管理的？你做了哪些工作？你如何看待其他人面对不确定性时的做法？思考这些问题都会让你受益匪浅。如果你身边的人能够很好地应对不确定性并做出决策，那么不妨问问他们是如何应对的。一般来说，能够帮助我们处理焦虑情绪的最佳人选是我们熟知并值得信任的人,我们应该听听他们的建议。

学会接受未来的不确定性

学会接受不确定性有以下四个要点。

1. **充分了解自己**。明确你是否渴望确定性,以及确定性会给你带来哪些影响。你的安全行为有哪些?当你感到不确定或要做出决定时,你更倾向于选择哪种模式?当你面临不确定时有什么感觉?你的内心究竟是怎么想的?通过这些问题了解和剖析自我,慢慢地,你会更好地控制自己的思维和行为。

2. **克制情绪,审慎做事**。既要克制自己的行为,又要控制情绪。我们称之为"驾驭欲望"(就像我们在第 11 章提到的情绪波动一样)。接受不确定性事件,要三思而后行。

3. **自我暗示**。如果不确定性给你带来了焦虑(比如"我没有制订计划 / 我无法预测未来 / 我能力不足,无法完成这件事"),那么你可以通过积极的语言进行自我暗示,抵消这些消极情绪。可以通过一些简单的词或短语勉励自己,比如"坚持到底 / 永不放弃"(确定性)或"尽力而为"(不确定性);也可以从下面选一句心灵鸡汤:

    - 虽然很累,但我相信一切都会好起来的;

- 伤心难过只是暂时的，我会渡过难关的；
- 顺其自然就好，不必强求事事如意；
- 熬过这段灰暗的时光，但愿自己能苦尽甘来。

4. **活在当下**。活在当下，随遇而安，不必过多地为未来焦虑。有一种方法是使用"正念"技巧（见第 11 章），比如调整呼吸或者把注意力转移到周边环境中。每次当你感到焦虑时（一开始可能会不知所措），只需不动声色地把注意力带回当下和正念想法上即可。

挑战自己，从小事做起

检验上述这些技能的一个好办法是把自己置于变幻莫测的环境中，或者在不确定结果的情况下，依然做出决定。比如，在规律性的日常生活中加入一些随意的活动；和新朋友无所顾忌地聊天；改变你的生活习惯；与朋友一起制订每日计划，即使未来还是个未知数；加入一个从未参与过的活动或小组；和家人一起看部电影，等等。这些决定可以是影响人生的大事，也可以是日常生活中的琐碎小事。

不要试图通过"安全行为"来获得安全感，而是要允许焦虑的存在，要时刻提醒自己，你可以渡过这一关。你要不断地挑战自己，有意把自己置于不舒服的境况中，可能这样会让你在生理和身体上有些不适，但是坚持做出决定，你就成功了。例如，和朋友在一起的时候，由你来选择去哪里吃饭。先从这些日常小事做起，之后再去做出那些让你害怕的重大决定或者处理突发状况等，从而慢慢提高你对于不确定性的接纳程度。

整理对不确定事件的看法也很有用。你可以问自己下面这些问题：

- 我到底在害怕什么？最坏的结果可能是什么？
- 以百分比计算，这种情况发生的可能性有多大（0=没有发生的可能，100=一定会发生）？
- 这些不确定的情况，实际上发生了什么？
- 我有没有因为做了安全行为而举步不前？
- 无论结果是什么，我都做出决定了吗？

让智慧思维帮你做决定

在辩证行为疗法（dialectical behavior therapy，DBT）中，我们理清了感性思维、理性思维和智慧思维三种心理状态的概念。

感性思维是指你的情绪被完全控制或丝毫不受控制。所以，当你处于感性思维时，你可能会感到悲伤，先是在街上啜泣，再是放声痛哭；你也可能会感到愤怒，产生立刻想揍人的冲动；你还可能会感到担忧，你的思维会螺旋上升到"怎么办、怎么办"上。如果你任由这种情绪肆意蔓延，置之不理，把自己蜷缩在角落里，那么你永远无法独立成长。让自己的大脑完全沉浸在情绪化中非常不好，因为这些情绪里存在着很多极端的高潮和低谷，会让你有失控的感觉。

理性思维更像机器人或电脑。它观察事实、统计数据、分析不同情况的逻辑，并基于这些做出决定。比如，从更实际的角度评估事物及其风险，完全不考虑你的情绪。所以，如果你只听从于理性思维而忽略自己的感受，生活就会变得很无聊。

智慧思维有点不同。它处于你的情绪化和理性化之间，倾听两者的意见，然后基于所接收到的信息做出决定（既包括事实，也包括个人情感）。例如，找一份离家近的工作，你就可以继续在家人和朋友身边生活；但如果去更远的地方工作，对你的个人晋升更有益处。你会如何选择？

你的感性思维可能在说——你应该离家近点，离开你熟悉的环境和亲朋好友是很可怕的。如果你搬走了，你就会感到孤独……如果你无法应对新环境，又没办法回家，那该怎么办？

你的理性思维可能会告诉你——你应该选择更好的工作机会，不要被地域束缚，这样你才会获得长足的发展。按理说，在大城市会有更多赢得好工作的机会，所以你应该搬到大城市，就算背井离乡也值得一去。

在这种情况下，你的智慧思维很难赢过感性思维，因为你充满了对背井离乡、孤身一人生活的恐惧。然而，如果你听从智慧思维，它可能会说："你既需要安全感，也需要去认识新同事和新朋友，如果二者无法兼得，那你至少应该把握住这次机会，迎接挑战。因此，找份离家一到两小时路程的工作吧，这样你既可以安心开始新工作,也可以在周末回去看望家人和朋友。"

所以,做决定最好的一种方法就是把你的感受和实际情况结合起来考虑。以下是实现这一目标的三个步骤。

第1步:我对目前的情况感觉如何(感性思维)

有些事你可能原本就知道解决办法,或者花点时间就能做完。而在情感问题上,最好的一种方法就是和你信任的人交流。有时你可以只跟一个人分享,也可以多和几个人交流,博采众长。多和别人讨论你将要做出的选择,并深入体会你对每一个潜在选择的内心真实感受,这会让你有更加清晰的自我认知。另外,要随时记录你的感受。这样再进行第2步的练习时,你会更加明确自己内心的选择。

第2步:真实的情况到底是怎样的(理性思维)

一方面,你需要在不同的选择之间权衡利弊。列出每个选项的事实清单以及各自的利弊,这样能够更直观地对比不同的选项;另一方面,你还可以向有相似经历的人取取经,广泛收集信息再做决定。

第3步:综合考量,做出决定(智慧思维)

如果综合考虑感性思维和理性思维对实际状况的反应,智慧思维又该发挥什么作用呢?智慧思维潜在的平衡点在哪里(既要考虑事实,又要照顾个人情绪)?

其实选择和决定并无对错之分。我们只需尽己所能去做出选择,即便之后发现选择错了,也可以重新选择。另一种帮你做出正确决定的方法是,你要明白自己想成为什么样的人,想过什么样的生活。下面的练习将帮你审视自己的价值观。

练习：过与你价值观相符的生活

这种反思练习可以帮助你思考生活中什么是重要的，你想过什么样的生活，并帮助你逐渐实现它。这会使你目标明确、干劲十足。这也可以增强个人的韧性，减少焦虑的思考，使你在做决定时更加清晰。

做这项练习有两种相辅相成的重要方式（所以也许你需要两种方式都尝试）。

方式 1：想象在你 40 岁的生日聚会（很久很久以后）上，一个朋友决定为你做一个演讲，讲述你是一个怎样的人，什么对你来说是重要的，以及迄今为止你所取得的成就。你想让他们说什么？你希望那时自己的生活是什么样的？

方式 2：请阅读下面的个人价值观列表。哪些对你来说特别突出（立即出现在你脑海中）？你觉得哪一个和你有关，或者对你来说最重要的是什么？也许你能挑选出四到五个价值观，或者如果你能想到的话，再进行补充。

友谊；帮助他人；做出贡献；和他人联系；玩得开心；达成目标；冒险；挑战自己；成为小组的一员；获得知识/变得知识渊博；追求一项事业；对事情的热情；金钱/良好的财务状况；营造或维持家庭关系；活在当下；身体或心理健康；信念或信仰；被爱；创造力；正直；责任；安全感；勇气；产生较大影响；领导他人。

既然你已经有了自己的价值观,那就一次取一个价值观,想一想你目前在 0~5 的范围内按照这个价值观生活了多久(0= 根本不是,5= 完全)。然后想一想,你可以做些什么来让自己更接近或保持接近每一种价值观。

例如,苏的价值观之一就是"玩得开心"。她认为生命太短暂,不应该总是那么认真,她想做更多冒险的事情。然而,她意识到,目前她可能只有大约五分之二的时间去这样做,因为她工作很忙。因此,她现在要为自己设定一个目标,每月"尝试一项新的活动",比如冲浪(这是她很久以来一直想做的事情)。

价值观描述评级目标

1.＿＿＿＿＿＿＿＿＿＿＿＿＿＿＿＿＿＿

2.＿＿＿＿＿＿＿＿＿＿＿＿＿＿＿＿＿＿

3.＿＿＿＿＿＿＿＿＿＿＿＿＿＿＿＿＿＿

4.＿＿＿＿＿＿＿＿＿＿＿＿＿＿＿＿＿＿

5.＿＿＿＿＿＿＿＿＿＿＿＿＿＿＿＿＿＿

记下你的价值观和目标,看看它们是否会随着时间的推移而改变,这会很有用。这可以促使你的生活更接近你的目标,也将帮助你拥有更充实的生活。另一种方法是请你身边的人偶尔向你"汇报"这些目标。

你也可以根据自己的价值观思考,在做决定时,对你来说什么更重要。

不完美也是一种美

人无完人，失败并不可怕。你可以允许自己出错，但更要相信自己跌倒后能够重新站起来。如果你屡败屡战不放弃，那么总有一天你会"触底反弹"。

大胆去参加新的兴趣小组或者培养一个新的爱好吧，虽然一开始你可能会有挫败感，但你会在参与和练习的过程中体会到快乐。不完美也是一种美，没必要追求完美主义。做错了事要知错就改，这并非什么坏事。每个人都要有勇气面对失败，但更重要的是，即使失败也要斗志昂扬向前进。失败是成功之母，跌落井底后踩着失败的肩膀向上爬，人往高处走，还会有更坏的结局吗？所以，无所畏惧地勇往直前吧，你一定可以的！

第二部分
如何应对初入社会的焦虑

The Anxiety
Survival Guide
Getting through
the Challenging
Stuff

第 3 章

不做"肥宅",扫除社交焦虑的阴霾

无论你是内向还是外向,社交都很重要

虽然你可能很恐惧,只要向前一步,就会发现社交焦虑并非不可战胜

社交焦虑是担心别人对自己做出负面评价

克服焦虑最好的一种办法是了解焦虑

随着我们长大成人，我们开始探索自己的社交圈：我们是社交类型还是"肥宅"？抑或是介于两者之间？没关系，每个人都不一样，这是件好事。如果我们都一样，那生活将会变得无趣。你可能听说过"内向"和"外向"这两个词。内向者是指喜欢独处的人，在社会环境中比较保守；而外向者是指在所处社会环境中被公认为爱交际的人，他们很有吸引力，充满活力。但这并不意味着每个内心焦虑的人都是内向者。实际上，许多表面自信、外向的人其内心深处可能会在焦虑中挣扎，也就是他们表面看起来是外向的，实质却是内向的。对一些人来说，他们越焦虑，就越显得自信。例如，人们经常告诉苏，当她在人群中演讲时，看起来很自信。但事实上，她的内心在颤抖。

一份调查表明，61%的年轻人认为自己是个内向者或是"有点内向"；然而，只有34.5%的年轻人表示，其他人认为他们是内向的。这表明，在所有接受调查的人中，约有三分之一的人感觉自己内向，但在他人看来他们似乎很外向。事实是，无论你内向还是外向，进行社会交往都很重要。我们每个人都不可能脱离社会而存在，这是我们之所以为人的原因之一。因此，如果你希望有所改变，如果你想在社交场合更自在、更容易结交新朋友，或者和陌生人在新的环境中"生存"，那么第4章就是为你量身打造的。本章将略述我们对于18~25岁青少年的调查结果，并考察他们在社交场合下的焦虑反应。第4章将着重探讨如何处理那些可能妨碍社交的焦虑情绪。

第 3 章 不做"肥宅",扫除社交焦虑的阴霾

克服社交恐惧

我们认为,对 18~25 岁的年轻人(没有焦虑方面的问题)做一个调查,了解他们在社交场合的感受,以及这些焦虑情绪的普遍性,是很有益处的。

超过三分之一的受访者认为自己在社交场合有焦虑感(或尴尬),每年至少有好几次参加不了社交活动,一半的人承认他们每周至少推掉一次社交活动。只有 35% 的人会和不认识的人打招呼。以下是他们给出的一些打开聊天话题的重要建议和技巧。

与新朋友开始聊天的技巧

- 先说"你好""嗨"或"你好吗?"问问他们一天/晚上过得怎么样。
- 确保你的肢体语言是在表示欢迎,例如微笑,看起来很友好。
- 自我介绍并承认你们以前没见过面,例如,"嗨,我是××,我想我们没见过面。"
- 询问他们是如何认识同一环境/活动中的其他人的,例如,"你是怎么认识爱丽丝的?"
- 通常,人们更倾向于一般性的对话,直到他们发现彼此共同的兴趣爱好之所在。建议聊天的话题包括:
  » 他们看什么电视节目?听什么样的音乐?喜欢哪些书籍、体育运动、社交媒体、时尚艺术或者游戏?

> » 他们在学习什么？/他们做什么工作？/他们将来打算做什么？
> » 他们的兴趣爱好是什么？他们喜欢做什么？
> » 他们假期去哪里度假？都去过哪些地方？
> » 他们来自哪里？住在哪里？和谁住在一起？
> » 举个例子，评价他们的着装，"我喜欢你的鞋子，你在哪儿买的？"
> » 谈些和你所处情形有关的事物。比如：如果你在喜剧院，那么就谈谈喜剧；如果你在电影院，就谈谈各类电影；或者，如果你在酒吧，就谈谈你要喝点什么或者一会儿要去哪里。
> » 如果以上这些话题都不适合，那就谈谈天气。

我们询问了被试哪些情况最让他们感到焦虑，排名前四的回答是：

- 见一群不认识的人；
- 处于新的社会环境（如新的工作场所、刚考入的大学）；
- 当一个不太熟悉的人在街上和你搭讪；
- 需要向你不认识的人寻求帮助。

然而，也有一些人表示，他们在熟悉的环境下也会感到焦虑，包括与朋友见面（12%）或与他们相当熟悉的人聚会（7%）。受访人被焦虑影响的主要表现形式有：变得安静且孤僻；尽量不引人注意；迫不得已时才与人交谈；找机会抽身；发呆；避免眼神接触；

口吃；说话语速加快；玩手机；或者紧紧抓住身边的人。一位受访者还谈到，为了不让别人失望，他如何迫使自己渡过难关：

> 有人在一次家庭聚会上专门给我买了熏鲭鱼。我夹了一些放在我的盘子里，但我很快发现那不是熏鲭鱼，而是生的。我不想显得粗鲁无礼，也不知道该如何提出说这是生的。所以我吃掉了一整条生鱼……我想，为了避免尴尬，我一般会选择做让自己不舒服的事。因为比起让其他人不舒服，我更愿意自己承受。

其他人也谈到了如何千方百计地"熬过"社交焦虑的场景，比如一直保持"假笑"，努力表现得"行为得体"或外向，说话时开个玩笑，反复多次做深呼吸（或者借口上厕所，其实是跑去调整呼吸了），给自己打气，然后再回到社交场合。许多受访者回答不知道该如何应对焦虑，但其他人给出了以下应对社交场合的想法和建议。

应对社交场合的建议

- ❖ 记住，你不是第一个有"社交焦虑症"的人，也不会是最后一个。每个人都会缺乏安全感，不是只有你会感到焦虑。大家都只是普通人，如果你愿意和他们说话，那么他们会很高兴的。
- ❖ 任何互动都有可能创造新的友谊或建立联系。
- ❖ 如果一个陌生人对你怀有敌意，并且再见到他们的概率微乎其微，那就不必在意这样的人，不值得。
- ❖ 学会假装——我们都是在努力活着的人。

- 如果你不小心把事情搞砸了，没有人会责怪你。如果你善良、诚实、坦诚地对待你犯下的错误，那么别人会更加理解你。
- 试着保持冷静，做个深呼吸。
- 如果你实在需要离开，那就走吧！即使你这么做了，也不代表你就是个差劲的人。
- 人们对你的评价并不像你想的那么多。
- 如果你认为自己是一个自信的人，可以毫不费力地与他人交谈，那么请在心里一直这样认为。你就是这样的一个人。
- 告诉你最亲近的人，请不要"替我去做"。例如，你太胆怯了，以致不敢在饭店点餐，因此你请他们来替你点餐。他们应该说"不"，因为那样你就只能自己点餐了。慢慢地，你就会发现，你自己做得越多，那件事越容易做到。
- 尴尬的局面只是暂时的。你越是经常将自己置身于焦虑的局面之中，就越有可能提高自己的社交水平，最终克服某种程度的焦虑和尴尬。你越是看到自己在社交场合成功，你就越有信心。
- 即使在当时感觉很害怕，但有时你也需要强迫自己去面对一些事情，你就会意识到没有害怕的必要。每次当你坚持某件事时，这就是一个小小的成就，通常你会发现，你置身于焦虑之中的时间越长，焦虑减少得就越快。
- 一直要笑对万物。这对你有很大帮助，并能让你感到很快乐。勇敢地去做总比遗憾没有去做想做的事情要好，不管结局会如何。

什么是社交焦虑

那么，什么是"社交焦虑"？为什么它对我们的影响如此之大？好吧，课本上告诉我们，社交焦虑是一种害怕别人在社交场合对我们做出负面评价的心理，产生不舒服、不自然、紧张甚至恐惧的情绪体验。我们会面临"失败"，在社交场合被孤立，犯一些"错误"，这时，别人会放大我们的错误，因此我们就会遭到嘲笑或批评。这让我们感觉自己很差劲，这是可以理解的。我们担心会被拒之门外，或者没有人想和我们待在一起。如果感觉社交就是一场灾难，那么我们可能会认为自己就是个社会弃儿，想象着自己在深山老林的小木屋里，蓬头垢面地过一辈子……（尽管有时与世隔绝的生活听起来很诱人！）

当我们身处社交场合时，会担心表露出焦虑——因为担心被他人指指点点而焦虑，而这种焦虑会让我们表现得更差！这时我们的手开始颤抖，口干舌燥，面颊发红，思绪万千，词不达意。我们常常担心，如果别人注意到了我们的焦虑反应，会怎么看待我们？他们可能会觉得我们疯了，觉得我们是弱者或者愚蠢之人。例如，有的人不敢端着一盘食物从人群中穿过，因为他们害怕所有人的目光都聚焦在他一个人的身上，所以不自觉地表现出战战兢兢的样子。

是什么让事情变糟

当我们对社交产生焦虑时，我们就会把注意力放在"别人会怎么想"上（读了下一章，你会知道焦虑的大脑是怎么耍花招的），并且有意识地想在别人面前掩饰焦虑，图 3-1 中的女孩，就是在拼命掩饰自己在社交中的焦虑。这两者都会阻碍我们提升社交技能。

图 3-1　掩饰社交焦虑

问题是，试着不把自己的焦虑表现出来会让我们显得古怪或冷漠。所以我们一旦掩饰焦虑，就会表现出古怪和抗拒，这恰恰是我们所害怕的。一些常见的例子包括：为了避免手抖，我们紧握自己的手；眼神交流比平时多（也称为凝视）；或者完全避免眼神交流，避开眼神的时候拼命想着共同话题。这些举动会让我们看起来很古怪，也让我们很难在和别人一起共度时光时感到快乐，或是倾听别人有益的建议。（请参阅"'安全行为'不一定能让你平复焦虑"一节）我们经常被焦虑的身体反应困扰，试图表现得"正常"，不知道别人是如何看待我们的。我们会感觉似乎每个人都在盯着我们看，但又不知道是不是真的如此。事实上，没人注意到你，他们更有可能只关注他们自己，以及他们自己如何在社交场合自处。

"安全行为"不一定能让你平复焦虑

为了帮助我们应对焦虑的身体反应，我们可能会找到一些能帮我们感到平静的事情，我们称之为"安全行为"。尽管"安全行为"这个词听起来无疑是积极的（谁不想自己安全呢？），但这些行为实际上会阻碍你学习如何应对焦虑。

安全行为有以下三个主要问题。

1. **你的安全行为有时会和你想做的事产生冲突**。例如，如果你的安全行为是一直拿着一瓶水，这样你的手就不会抖，那么，一旦没有瓶装水，或者你不小心把它落在某处了，怎么办？或者当你喝完了水，有人提议把瓶子扔掉，怎么办？如果这是你在这种情况下感到安全的方式，为了安全感，你就可能产生把瓶子从他们手中夺回来的冲动。

2. **你可能会看起来很冷漠**。例如，如果你的安全行为是与他人保持眼神接触，那么会让别人以为你在盯着他们看。或者，你试图逻辑清晰地表达自我，但总是词不达意，这可能会让你显得太紧张，以至于别人会误以为你对他们所说的话题不感兴趣。

3. **一开始，你可能觉得没有安全行为，你就无法应对事物**。你可能认为，你能否在社交场合生存下去取决于有没有做出安全行为，尽管事实并非如此（没有安全行为，你也可以很好地"生存下去"）。这样，你就会更想使用安全行为，并越来越依赖这些行为。例如，"我之所以在那次会议中表现得很好，是因为我把解压球压在桌子下面，如果我没带着它，就会陷入恐慌，没有思路。从今往后，我要把它带到我所有的会议上。"

行为实验：安全行为与对立行为

现在，你开始了解社交场上的自己了，先解决社交方面的焦虑会更容易。解决焦虑问题的方法之一是进行我们称之为"行为实验"的活动，即在不使用安全行为的前提下，测试你对社会状况的想法或担忧，以了解你可以在不用"做"任何事的情况下"生存"下来。

这可能意味着做与你的安全行为相反的事情。表 3–1 列出了相关安全行为及其对立行为。

表 3–1　　　　　　　　安全行为及其对立行为

安全行为	对立行为
回避朋友	把注意力放在朋友身上，倾听他们所说的话
深思熟虑后再说话	不思考就直接说出你的想法
紧握双手	别紧握着手，放松点

当你完成实验后,就要反思你意识中会发生的事是否真的发生了。下面的练习包含一张清单,填写这份清单有助于你规划和思考,以检验你的安全行为。听听你朋友的反馈,或在视频中互动,看看实际发生了什么。这是很有用的。

练习:测试一下你的安全行为

我的安全行为是什么?
我该怎么做(详细描述你会做什么/不会做什么)?
如果你不去做正常的安全行为,你认为会发生什么?你会害怕吗?
当你做实验或者处于某种社会环境中,如果你没有做出安全行为,会发生什么呢?
你能从这件事中学到什么?有什么反思吗?下次你会怎么做?

了解你的社交恐惧来自哪里

克服社交焦虑最好的方法之一就是更多地了解它、理解它，你知道得越多，就越容易解决和克服社交焦虑难题。回答以下有关你焦虑经历的问题。慢慢来，或许可以向你亲近的家人、朋友求助。

- 在社交场合你害怕什么？你最担心的是什么？
- 你在社交场合的安全行为是什么（你做了什么来隐藏你的焦虑或避免引起别人的注意）？
- 对于去社交场合之前、之中、之后，你有什么焦虑的想法？
- 在社交场合中，你的哪个身体部位会感到焦虑？
- 哪一种身体焦虑反应最让你烦恼（或让你尽量想要去避免）？
- 如果别人注意到你的身体焦虑反应，那对你来说意味着什么？
- 你认为别人是如何评价社交场上的你的？
- 有什么证据（支持或反对）说明别人会那样看你？
- 在社交场合，你会最留意什么？
- 当你使用安全行为时，你会表现得怎样？
- 如果你没有使用安全行为，你觉得会发生什么？
- 你怎么知道会发生这种事？你有证据吗？
- 如果你的自我意识减少一些，那会对你有帮助吗？是怎么帮到你的？

这些问题只是鼓励你去进行自我反省，留心观察自己的感受、想法和对事物做出的反应。

利亚姆的故事

我最近接受了在我父母结婚纪念日宴会上弹吉他的邀请。我答应之后立刻感到了焦虑,但我还是坚持下去了。当这一天终于到来,我有些紧张,但是还好,不算很严重。之后,轮到我演奏了,我突然感觉呼吸困难。当我弹琴的时候,我因为害怕而不敢看听我弹琴的人。我很清楚我快停止呼吸了,在一半的弹琴时间里,我都在试图掩饰我的胆怯。当我继续弹的时候,我慢慢地开始恢复自控力。我弹了下去,并开始呼吸,尽管呼吸得很不平稳,我能感觉到自己在平静下来。我不停地告诉自己,我有这种感觉——没有人像我想象的那样评判我,唯一一个那样评判我的人只有我自己。

第 4 章
当有焦虑想法时，你该怎么办

思考焦虑的想法对人际关系的影响

你做得越多，焦虑就越少

很多人发现，找到应对策略对克服焦虑很有用

"捕捉"并记录我们的想法是很有效的，这样我们就可以挑战焦虑，找到更平衡的思维方式

焦虑的想法是很难处理的，就像要击溃那些阻碍我们做事的恶棍一样。它会妨碍我们做自己、交朋友以及与他人社交。在本章中，我们将探讨焦虑思维是如何影响我们的社交的，但我们所谈的这些想法可以应用于大多数焦虑想法，并且可以处理对于很多事情的担忧。

鲍勃的故事

我最近新参加了一个关于教育的课程，将要面临一些全新的体验，你应该能想象到我的焦虑。首先是与人见面的问题。我不是一个很外向的人，因此我很难迈出这一步。我担心别人不是真的喜欢我，我无法融入他们。我担心如果我试着和他们搭话，他们会因为不喜欢我而不屑一顾或是很刻薄。在第一周的时间里，我甚至都没法和与我同一所大学的同学交谈。我以前从没有和他们说过话，但经过许多次尴尬的思考（"啊，我不想惹恼这个人。"）之后，我还是和他们谈了起来，我们很快成了朋友。从那以后，我感觉自己和别人交谈时更自信了，这足以帮助我走出焦虑的困境，我只需要继续这样做就好了。我更倾向于聊一些和我们周围环境相关的话题，这样我们都能参与其中。

害怕什么，就去做什么

克服焦虑情绪有许多不同的办法，我们将在本章中进行概述；然而，最普遍的（但不是特别容易）一种方法就是：越害怕什么，就越去做什么。正如许多参与我们调查的人在上一章中所谈论的那样，减轻焦虑最好的一种方法就是"经历"一个现实的场景，你会发现你能应对得了。这个办法是，你做的事情越多，引发的焦虑就越少，用现实生活中的证据来反驳你焦虑的想法！

越是害怕，就越要去挑战

> 美国著名心理学家艾伯特·艾利斯（Albert Ellis，1913—2007）曾不敢和女性交谈。据报道，阿尔伯特在19岁时决定在当地的植物园和100名妇女交谈，以克服他的恐惧。虽然他没有和女性约会，但他不再害怕和女性说话，不再害怕被拒绝。艾伯特最后促进了包括理性情绪行为疗法（rational emotive behavior therapy，REBT）在内的多种疗法的发展。

克服和别人交流恐惧的一种方法是和更多的人交谈。你和别人说话越多，你的焦虑感就越少，你也会感觉更自信、更舒服。当我们决定把自己暴露在社交场合时，采取一些小措施是很有用的，可以先选择一些很小的事情来尝试，然后随着焦虑的减轻，慢慢地向"暴露阶梯"的方向发展。明确你想要达成的目标也很重要，这样你就知道你要朝着什么方向努力了。当你达成了一个相当具有挑战性的任务或者目标，你可以给自己设定一个相当不错的奖励。下面是一个"开始与新朋友交谈"的暴露阶梯的示例。

目标：能够与新同事进行交谈

第一步：当我在工作中看到一个我以前没说过话的人时，先微笑一下。

第二步：对我以前没说过话的同事说声"嗨"。

第三步：对工作中的人说"嗨"。

第四步：对一起工作的人说"你的周末过得怎么样"。

对于不同的人来说，每个人的暴露阶梯可能完全不同，这取决于你觉得最可怕、最令人焦虑的任务是什么，然后你需要采取哪些方法来完成它，以及你做这些事情的感觉如何。这样做的目的是在进入下一步之前尽可能多地完成每一步（以便将焦虑降低到更可控的水平）。你可以选择在尝试每一步时给自己的焦虑评分（我们建议用百分比的评分标准），只有当你的焦虑降低到35%时，才能继续下一步。所以你可能需要几天、几周或几个月才能通过这个暴露阶梯，这都是可以的。

在我们的上一本书《我的焦虑手册：重回正轨》中，有更多关于暴露阶梯以及完成这些挑战的信息。

焦虑会影响你看待世界的方式

当我们感到焦虑时，焦虑会影响我们看待世界的方式。我们更有可能会认为事情将朝错误的方向发展，而对此我们无法应对。它就好像我们对生活有一个焦虑的过滤器，或者我们经常听到恐怖的背景音乐。在人际关系中，我们可能会担心对方不喜欢我们、会取笑我们、会拒绝我们，或者不想再和我们待在一起（还有很多其他的担心）。

让你被焦虑"劫持"的 10 个错误想法

重要的是要记住，当我们感到焦虑时，我们会以一种焦虑的方式思考（也被称为"感性推理"），尽管这些焦虑的想法不是事实，但我们常常会因为感觉"正确"就把它们当作真实的。我们的大脑已经进化出了很多有用的捷径，所以我们可以聪明地思考，而不是费劲地思考，并理解我们所生活的复杂社会世界。问题是，这些捷径会被我们的焦虑所威胁，使我们成为"焦虑的思考者"，而不是"聪明的思考者"。下面列出的 10 个"错误"可以帮助你发现思考捷径何时被你的焦虑"劫持"，变得毫无用处。

1. **灾变**。这是当我们想到一些让我们担心的事情时，我们继续设想"如果……"，直到我们陷入完全的灾难之中（见表 4-1）。

表 4–1　　　　　　　　假想的几种灾变情况

灾变事件	最坏情况
咳嗽	我得了肺结核
老板叫你的名字	我要被解雇了
朋友不立即回消息	他们和我闹翻了 / 他们发生了可怕的事故
街上一个人朝你笑	她在嘲笑我的头发 / 鼻子 / 衣服……啊啊啊啊
男朋友对着其他女孩笑	他喜欢上别人了 / 他欺骗我的感情

2. **草率下结论**。当我们拥有很小的信息量并对此做出判断时，应该采取谨慎的态度。例如，如果我看到女朋友给另一个男人发了短信，我们可能会立刻认为她在欺骗我，而不是和她谈论这件事，看看到底发生了什么。

3. **从自身出发看待事情**。当我们做得好的时候，我们通常会把发生的坏事归咎于这个世界；当有好事发生的时候，我们会把个人的荣誉归于个人。这让我们感到很快乐。然而，焦虑的思维意味着我们会因为那些与我们没什么关系的事情而自责。例如，如果一个朋友说不能和你一起看电影了，你可能会认为，这是因为他不想和你在一起，或者你的存在让他感到尴尬。

4. **负面过滤**。当我们忽视所有已经发生的好事，而把注意力放在坏事上时，就会发生这种情况。例如，你可能会全神贯注在那天早些时候你对你男朋友所说的、你觉得他表现不好的话上，而忽略了他似乎对此并不在意，而是在那天其余的时间与你和平共处的事实。负面过滤意味着我们只基于一点点的负面信息来对全天和我们自己做出评判，从而感到恐慌。我们的大脑正把注意力集中在消极因素上，以保护我们的安全，但这确实会毁了我们美好的一天。

5. **泛化**。这很像负面过滤，意味着我们通过某个事件或某个特定信息来做出全局判断。例如，会认为"我星期六没有被邀请参加聚会，所以大家都讨厌我"。

6. **高估**。我们高估了坏事发生的可能性（例如，如果我去上那门课，那么没人会跟我说话）。我们可以称之为"安全总比后悔好"的推理。它使我们更加谨慎，如果世界是危险的，这可以被认为是有益的，但当它只是我们焦虑的大脑在欺骗我们时，那就会使我们的生活变得困难。

7. **读心术**。人之所以为人，就是要与社会中的其他人建立联系。我们与生俱来就想要被别人了解，同时也想了解别人。然而，作为人类，我们常常自以为能读懂别人的心（这其实是错误的），出于这种消极的思考，我们认为别人也会读心术。随后，我们会误解别人的一些意图和行为。比如，有个人在公交上盯着你看，其实你并不知道他在想什么，但你会觉得"他在议论我，他觉得我看起来很奇怪"，实际上，也许他只是觉得你的鞋子或外套很漂亮，也可能他只是在看着你发呆，心里像你一样担忧着车上其他人对自己的看法。这种读心术使我们焦虑，而在现实中却毫无根据。

8. **预测未来**。就像能够与他人相处一样，知道接下来会发生什么也是使我们成为地球上的优势物种的一个重要原因。这种能力能够帮助我们解决问题，并且富有创造力。但问题可能是，当我们感到焦虑并相信我们已经知道未来会发生什么时，我们就会开始认为我们不需要去尝试这件事情了。比如，如果你已经知道那个看起来很有趣的人会讨厌你，那你为什么还要去和他说话呢？

9. **贴标签**。我们需要以最快的速度了解我们周围的世界，这样我们才能高效地做出决定。如果我们能评估某种情况，并迅速给它贴上标签，那么，这就能帮助我们迅速了解到底发生了什么，从而做出最佳选择。比如，做出"我是安全的"或"这不好"的选择。当我们遇到困难的时候，我们会给那件事情或者自己贴上标签。例如，当你在朋友生日时忘记给他们打电话，你会想"我真是个没用的朋友"，或者更笼统地说"我没用"。

10. **非黑即白**。就像给事物贴上标签一样，在掌握大量信息的情况下，将事情分为"聪明的"或"糟糕的"两类，是一种迅速而有效的、进行有效推理和做出决策的方法。思考和分析复杂的人和情况需要时间，但是我们并不总是有很多时间来进行思考，特别是当我们感到焦虑的时候。如果我们一直依靠这种思维，那么我们就有可能陷入困境。例如，"她善于交际，而我不擅长"，我们要意识到自己不擅长的部分，或意识到其实交际是一项复杂的技能。对此，一种更为全面的思考方式可能是："我只擅长与他人进行一对一的交谈，但与很多人一起交谈对我来说很困难"。

你是否使用过这些思考捷径？如果是的话，记下它们（或者用荧光笔在本书中标注），这样你就可以明确自己的处境，重新出发。

挑战焦虑想法练习

焦虑会让我们的思维混乱，我们要捕捉到脑海中那些一闪而过的想法，然后完善它们，找到最佳的思维方式。你可能会觉得你的思维像永不停息的水流一样，很难抓住。我们最大的焦虑就是如何解读自己（我是……）或他人（每个人……）。我们有时称之为"激烈的思考/冲动的想法"，焦虑会让我们更加真实地感受到这种强烈的情感表达，强烈到我们无法忽视它的存在。写下最让你感到焦虑的时刻，以及你的想法，这可能会对你有所帮助。你可以选择把这些记在日记本、笔记本，甚至手机上，看看能否找出自己应对焦虑的捷径，然后不断挑战它们，看看它们是否经得起推敲。

一旦你感到焦虑，那就花点时间，坐下来，理清思路，找到解决办法。例如，如果你半小时前给你的朋友发了一条短信，约她见面，但是对方消息已读却没有回复，你可能会想"她不想理我，她会离我而去，她讨厌我"。因此，你当时可能会冲动地以为"所有人都讨厌我"。

下一步就是仔细思考，问问自己："我真的相信吗？"在那一刻，你可能非常相信这个想法（比如，90% 相信）。你需要在感受最强烈的时候立刻回答这个问题，最好把它记下来。

再下一步，你要反复推敲，寻找证据。如果你还是犹豫不决，那想象一下你的朋友可能会说什么，或者若是他们这样想，你会说些什么。我们大多数人对别人比对自己要好。你可以试着完成下面的练习。

练习："他者"共情练习

意象练习的重点是在自己的脑海里创造一个能够抚慰、同情和安慰自己的"他者"——这个"他者"可以是人，也可以是动物或物体。重要的是，这个"他者"能够支持你、安慰你，并对你十分友善。同样，这个"他者"可能会随着时间的推移而发生变化，但这也没关系。这种意象在处理让你感到困难的想法时很有用，你可以想象安慰你的人会对你说些什么，来帮你找到另一个有用的想法。

练习："他者"的抚慰

轻轻地闭上眼睛，放松身体。让你的呼吸放慢到一个舒缓的速度，让任何紧张的情绪在每次呼气时流出你的身体。当你感觉准备好了的时候，想象一种抚慰的力量在向你移动。

想象这些力量知道并且深深理解你所感受到的痛苦，体会到它想要帮助你，让你感到安慰和舒心。当它开始接近你时，让它凝结成形。

抚慰你的那个"它"是什么样子的？是高大的还是矮小的？是男性还是女性？是年长的还是年轻的？是人，是动物，还是物体？它是毛茸茸的还是外表光滑整洁的？它是如何接近你的？

它是如何安慰你的？它会凝望着你的眼睛吗？是给你一个拥抱，还是紧紧牵着你的手？

它会和你说话吗？它的声音是什么样的？它的音色是粗犷的

还是柔美的?声音很大还是轻柔舒缓?它说了什么来帮助你感到安慰和舒心?如果它知道你的感受,会怎样安慰你?

让它安慰你的那个画面在脑海中自然地出现和消失,但要保持安宁与平静的感觉。

当你感觉准备好了,你可以回到自己的房间。你可能想要活动你的脚趾来慢慢恢复。

在你的笔记本或日记本中捕捉思想并挑战它

- ✧ 写下自己确切的想法,简单解释一下。例如:
  "走进房间的时候,我会感觉每个人都在笑我。"
- ✧ 评估一下自己(在那一刻)有多确信,是否达到了 90%。
- ✧ 评估你的焦虑程度(以及在这种焦虑下的感受)。例如:
  我感到非常焦虑,大概 80%。我会头晕目眩。
- ✧ 寻找证据。例如:
  支持:有几个人看向我。
  反对:我刚开门的时候,他们可能只是刚好在看我。在我进去之前,他们可能已经开始笑了。
  我最好的朋友会说:"你只是焦虑,总以为别人在嘲笑你,其实他们并没有在嘲笑你。他们没有理由嘲笑你。深呼吸,你会找到对你友好的人。"
- ✧ 寻找克服焦虑的捷径。例如:

> 因为信息不足，所以我仓促地下结论，以为他们是在嘲笑我，可能没有全面思考问题。
> ❖ 评估一下你现在有多相信这个想法，是否达到了40%。
> ❖ 评估你的焦虑程度。例如：
> 我现在感觉不太糟，大概40%。
> ❖ 更好的想法是什么？例如：
> "虽然我不喜欢这种感觉，但并不意味着他们在嘲笑我。我可以搞定。"

此外，下面的练习中有一个思维挑战表的模板。寻找证据与思维误区的练习做得越多，你就越会慢慢形成思维惯性，不再相信自己的焦虑想法，并且能够意识到，很多时候你垂头丧气是因为焦虑，并不是因为事情真的很糟。话虽如此，但是这一系列举动并不总是能缓解焦虑，尤其是独自一人面对焦虑时，可能会更加恐慌。开始可能很难，但不要因此退却，止步不前。改变思维方式并非易事，需要时间和实践。如果你觉得有用，那就去实践，它可以打破焦虑的循环，这样的话，当你的焦虑想法干扰你时，你会更加游刃有余。

第 4 章　当有焦虑想法时，你该怎么办

练习：令人深思的挑战表

情况是什么？	
你的想法是什么？	
我能相信多少呢（百分比）？	
（赞成或反对的）证据是什么？ 我能找出一个思维错误吗？	
我现在有多相信它？	
哪种想法更准确或更有帮助呢？	

063

寻找证据，让焦虑不再成为问题

我们总是对糟糕的事情印象深刻，却经常忘记我们做的好的事情（如图 4-1 所示）。就像磁铁一样，这些想法"粘"在我们的脑子里，其他想法则被排斥和遗忘。我们可以把焦虑看作一个警卫，他只会把符合我们焦虑想法的信息"放行"，或者证明其他人很强、很有判断力，而我们自己并不擅长社交。所以，当有人看向我们时，我们会感觉他们在嘲笑我们，他们并不喜欢我们，"警卫"会把这些信息"放行"。我们的朋友在该打电话的时候没有打，"警卫"也很欢迎这样的信息（这符合他们的"名单"）。然而，对于任何与此相反的证据——有人希望和我们共度时光，或者我们表现很好可以融入社交场合——这些信息，"警卫"都会拒绝"放行"。好像它

图 4-1 寻找证据

们从未存在过！我们最终就会得到和焦虑想法一致的信息。

收集反向证据也许有用。每当有人对你表现出任何积极信号（微笑、交谈、约会），或者当你开始享受社交场合（比如，和某人聊得很愉快）时，在本子或手机上记下来。你可以利用这些证据来克服焦虑，寻找平衡点。

从消极的自我对话中走出来

当我们感觉很糟糕时，就会有消极的想法。我们会垂头丧气、批评自己、指出自己的错误或缺点，这是个坏习惯。当别人对我们恶言相向，给我们提供外部"证据"时，我们会更加消极，更加无所适从。这些消极的声音逐渐成了我们的自我对话。然后，当我们犯错误时，我们并不能意识到犯错是很正常的，我们可能会说"我居然弄错了，事情变得一团糟"，或者当我们感到焦虑时，我们会说"看看我，我真可怜，我什么都做不好"。我们要放松下来，不要局限于每一个一闪而过的想法，减少消极的自我对话。找到合适的应对策略可能会很有帮助。为了找到专属于自己的应对策略，不妨看看下面的建议，或者网上的句子、歌词，抑或听听你身边的人说的话，以及一些应对焦虑的建议（见第3章），你甚至可以从宗教文本中寻找灵感。当遇到困难时，你可以参考它们，自己的想法至关重要。练习得越熟练，就会越自然，它们能够帮助你从消极的自我对话中走出来。

应对策略

- ❖ 焦虑并不代表我不能很好地应对现在的情况。
- ❖ 一切都会过去的。
- ❖ 顺其自然。我别无选择,只能坚持自我,全力以赴。
- ❖ 我以前也经历过这样的事情,这次也能熬过去。
- ❖ 差一点也没关系。
- ❖ 我害怕焦虑,但它无法左右我。
- ❖ 我能够控制好自己。
- ❖ 我不在乎这些焦虑的想法。我要对自己好一点。

第 5 章
战胜学习焦虑

对很多人来说,焦虑难以控制

适宜的环境非常重要,制定清晰而现实的目标将有助于你计划和组织

直面恐惧,问题也许会迎刃而解

我们希望你能了解焦虑是如何影响你的思考、学习和计划的

出于多种原因，大学课程、专业课程和职业资格考试都会引起人们的焦虑。扮演新角色、学习新事物可能会让人们兴奋，产生耳目一新的感觉，但也会给人们带来很多不确定性和压力。如果你已经在这些问题上感到焦虑，那么你需要适应独立学习了。同时，我们在书中谈到的其他压力（经济和社会压力），可能也会让你感到不知所措，阻碍你完成自己力所能及的事情。在本章中，我们希望你能了解焦虑是如何影响你的思考、学习和计划的，并给出了一些高效独立学习的建议。如果你即将步入大学，那么最好也看看第 6 章的内容，它着重讲述了如何更好地过渡和应对这一时期。

在成人的世界里学习

受刻板印象的影响，我们通常认为"游手好闲"的学生会睡到中午才起床，白天看电视，晚上泡酒吧（其实没有人天天如此，只是偶尔会这样虚度时光……也许第一年只有一两次）。大多数人都能理解这种状态，谁不希望自己的人生能够悠然自得呢？但我们知道，当今时代，学生背负了很大的压力和焦虑，即便大多数学生都认真对待学业，但也会经历一些暗黑时刻。还有的学生离家千里去求学，地域限制让他们孤独无助。理想自我与现实自我之间的落差让他们愈发感到不安。比如，你窝在宿舍观看《中间人》(*The Inbetweeners*)[1]的重

---

[1] 《中间人》是本·帕尔马导演的英国喜剧电影，讲述了四个即将走出校园步入社会的高中毕业生的故事。为了好好享受毕业假期，四个小伙伴决定去位于希腊的克里特岛上度假，没有了老师和家长的看管，为期两周的自由生活召唤着他们悸动的心。但一连串意外的发生让这四个少年逐渐领悟到了成长的残酷，但也正是这份残酷促使他们变得更加成熟，成熟到足以抵抗比成长还要残酷的社会生活。——译者注

播来缓解焦虑，而其他人都在忙着尝试新事物并乐在其中，这样的对比会让你更加痛苦，好像你很失败。例如，当同班同学都忙于学生会的事情时，布赖迪就在宿舍看《真实犯罪》这档节目，所以她能够感同身受。

对于许多成年人来说，需要兼顾工作和学习，如果你正在准备职业资格考试，就要在工作之余挤出时间学习，这意味着你必须统筹兼顾和自律。很多人会觉得力不从心、压力山大，他们也会扪心自问：为什么要这么拼？这么做值得吗？教育投资也会让我们在学习深造时感受到压力。随着高等教育成本的增加，学生们对大学的期望越来越高，但巨额学生贷款给他们的经济状况带来了巨大的压力。

逃离当下，只会让你更焦虑

当我们感受到焦虑和压力时，常见的应对策略是远离任何会引起焦虑的事情。短期内，我们会感觉心境开阔，但是这通常意味着我们在逃避工作（甚至对工作无动于衷），工作任务堆积如山，迫使我们在截止日期之前完成。我们一旦落于人后，就会愈发忐忑不安，进而引发更大的问题。最近的研究表明，当学生在与其他同学进行比较时，可能会高估他人的学习量（担心别人做的远远超过自己），这会让他们认为自己对考试毫无准备，从而产生焦虑和自我怀疑的情绪，由此可能会导致他们考试失利。尤其是面临快要截止的任务时，会感觉似千斤重担压在身上，这很正常。但对一些人来说，却难以忍受这种感觉，他们会心神不定，逃离当下，无法如期完成目标。我们需要像对待所有挑战一样对待这种焦虑，按照自己的节奏慢慢来，但一定要尝试，去设定阶段性的、可实现的目标，在力所能及的情况下完成目标。

在你的学习和生活中可能会有很多让你分心的事情，比如和朋友出去玩，加入不同的俱乐部和社团。对于那些在十几岁时就焦虑不安的人来说，大学是他们明确自己定位、交到知心朋友的地方。如果这说的是你，那么恭喜你，我们为你感到高兴。只是有一个小小的提醒：如果你不继续学习下去的话，所有的焦虑都会卷土重来！学会自我照顾也非常重要（详见第10章），要在社交活动、私人时间与实现学业目标之间找到平衡，这样一来，你既能保持健康又能实现学业目标。

应对焦虑的有效方法——自律

自律是应对焦虑的常用方法。如果你是一个自律的人，那你可能会有很多的清单、时间表和学习计划，并对自己有着很高的（甚至不现实的）期望。当学习压得你喘不过气，且毫无还手之力时，焦虑就会变得难以控制。如果事情没有按照期望和计划进行，你可能会失控，或者感到没有成就感。团队合作通常是成年人学习的关键，如果你特立独行、掌控一切、追求"完美主义"，那么团队合作对你来说可能很困难。能够意识到问题所在，这一点很重要。如果你符合这些描述，那么问题不大，但当你失去控制、一味追求完美时，你要学会放手并管控你的情绪。从好到一般，甚至（震惊、害怕）不能满足自己的高期望、考试失利或偶尔拖延也没关系。要知道世界不会终结，直面恐惧，是克服焦虑和培养韧性的关键。自律很有用，但不是说要放弃清单和时间表，而是想想是不是可以通过其他方法来管理自己的高期望和焦虑。

如果你不符合这些描述，那自律对你来说可能是一个好方法。对很多人来说，焦虑让人变得无所适从。焦虑会严重干扰我们的执行力，从而影响设定和实现目标的进程。事实上，这就是为什么当你要去面试或约会时，你会找不到眼镜或者弄丢停车单/车钥匙。当你感到焦虑或有压力时，即使目标看起来很简单——例如，开车出去而不撞车，停车后进入大楼不在台阶上摔倒，你的大脑也会"消极怠工"。又如，去朋友家补习，听起来是件很简单的事，但当你急切地想找一份新工作或在激烈的竞争中获得一席之地时，就没那么容易了。执行力对于有效而独立的学习也很重要。也许焦虑对你来说一直是个难题，也许在中学和大学有很多支持你的力量。当焦虑压倒一切、事情变得一团糟时，自律会非常有用。作为一个成年人，支持你的力量会越来越少，你会慢慢失去求助能力。

给予自己积极的心理暗示

自我评价才是真正妨碍我们独立学习的绊脚石。焦虑的年轻人经常会有消极的"自我沟通"，他们很容易放低自己，自暴自弃。这种消极的心理暗示会让他们不思进取，从而逃避现实。你难道也想成为他们中的一员吗？看看第 4 章那些应对焦虑的方法可能会对你有所帮助，在第 11 章中，我们还将讨论如何用内心策略应对消极情绪。

美国著名心理学家卡罗尔·德威克（Carol Dweck）写了很多关于"成长心态"的文章，她认为，与其把自己看作有所长亦有所短的人（比如，"我只是不擅长数学"或"我只是不擅长学术"），不如把自己看作在学习的旅程中，需要更多的练习才能具备某些技能的人。

当你开始学习的时候，注意自我沟通与自我评价，这有助于你直面现实、积极进取。在你陷入困境时，给自己消极的心理暗示，对你而言并无帮助。试着给自己一些积极的信号，例如，"我正在努力工作，我离目标又近了一步"。

设定目标和优先级

在完成任务的同时，你可能还需要兼顾很多事情（有报酬的工作，照顾他人，做饭和做家务），或者你可能觉得这些分内之事已经处理好了，但还会有新的任务。改善周围环境是很重要的，有一个明确而现实的目标会让你更加游刃有余。

番茄工作法是一种管理待办任务的方法，能够确保你在能力范围之内高效完成任务。可以下载"番茄 ToDo" App（可以在应用商店免费下载），它会把你的一天分成几小段时间（40 分钟），列出一天内你需要完成的所有任务，然后对可能需要花费的时间进行预测。它也提供了一些确定任务优先级的方法，确保你在一定期限内完成任务。例如，当布赖迪学习的时候，有一个很有用的方法，那就是早上起来的第一件事绝不能是阅读或回复电子邮件——因为一不小心，你就会为此浪费一整天的时间。当你开始感到力不从心时，阅读或者回复电子邮件是一个很好的结束学习的方法。不要把你早上的聪明才智浪费在简单的任务上。

也许你觉得没必要对学习时间进行管理，但明确待办任务和任务优先级是非常有帮助的。例如，布赖迪喜欢用红绿灯法则：红色代表本周甚至今天需要完成的事情；黄色代表未来两周或较长时间内需要完成的事情；绿色表示有计划但尚未完成的事情。你也可以根据你所用笔的颜色选择把它改成洋红、蓝绿色和浅绿色。

营造良好的学习氛围

一个安全、平静、远离干扰的环境对你集中精力学习很有帮助。如果你住在宿舍，那么在学习方面与室友达成一致是非常重要的。

营造学习氛围的最佳技巧

- 选择一个尽可能屏蔽一切干扰的空间，最好不要让你的孩子、兄弟、姐妹、朋友用擦屁股、遛狗、搬家等借口说服你出去。将手机放在看不见的地方可能也很有用。
- 如果你喜欢伴着音乐或者让人放松的声音（任何对你有用的）学习，考虑创建一个学习歌单，里面有让人放松或激励人心的

> 音乐。
>
> ◆ 找个舒服的姿势，但不要舒服到让自己昏昏欲睡。坐直一点可能很有用，还可以预防背痛。姿势很重要，我们在使用笔记本电脑时，总是习惯于身体前倾。
>
> ◆ 尽量把温度调好，不要太热或太冷。
>
> ◆ 离床远点！它是用来睡觉的。
>
> ◆ 保持书桌整齐（结束学习时整理一下）。如果没有书桌，那么在家里找个可以学习的地方，比如餐桌。
>
> ◆ 如果你需要辅助学习的工具（就比如文具），像便笺、荧光笔、字典和U盘，那就在开始学习前准备好这些东西，以备不时之需。
>
> ◆ 准备一些零食和饮料。缓解饥饿的同时还能用食物治愈自己。

焦虑和学习

一旦设定任务清单，确定任务优先级，分配好时间，营造一个舒适的"学习天堂"，你就必须静下心来开始学习了。

焦虑会干扰你的注意力。当你感到焦虑时，经常会思维混乱，无法集中注意力。在我们开启学习状态前，我们需要冷静下来、放平心态，做一些简单的深呼吸会很有帮助，确保环境安静并尽可能有利于学习（你的学习天堂）。有些人可能会在繁忙的咖啡厅找到归属感，有些人可能更喜欢在熟悉的环境中学习，比如家里。当我们想要集中注意力学习时，在不同的环境中切换是很有用的，例如在你的学习天堂待上 40 分钟，然后走进咖啡馆待上 40 分钟，再到图书馆待上 40 分钟（如图 5-1 所示）。例如，布赖迪喜欢在图书馆没有人的安静角落里抱着笔记本电脑学习；菲比倾向于一切准备就绪，然后泡在图书馆里；而苏往往在长途旅行或者早起时效率最高。每个人都有专属于自己的学习天堂。我们可能在同一个地点学习效率更高，也可能需要打破禁锢、寻求改变，才能保持注意力集中。

图 5-1　在不同的学习环境中切换

小憩一下

按时休息很重要。我们不想被打断"思路",但是中途休息一下,喝点水、吃点零食(咸味或含糖的零食)可以缓解你的困意与焦虑。出去看看风景、散散步也很有用。另外,午睡可以提高你的工作效率,但前提是午睡时间要少于 30 分钟且早于下午 3 点,这样才不会干扰你的正常睡眠(这取决于你的睡眠时间,也许凌晨 3 点对你来说效率最高!)。

借助科技手段

手机和各类 App 的功能都很全面,你可以设置一个定时提醒(可以将鼓励的话或者笑话作为提醒,继续努力工作)。还可以用手机把讲座或者课程录制下来,反复观看,记笔记。而且现在许多课程都有在线资源,便于你在观看视频时暂停播放和回放。你也可以下载一个学习 App。有很多 App 可以提醒你休息、学习,甚至可以大声朗读任何文本,这样你的学习效率可能会更高;有些 App 可以确定任务优先级,完成小组合作与分享;有些 App 甚至可以设置"黑名单",防止你在学习时间玩手机。

深呼吸

- ✧ 坐一会儿或者躺一会儿。
- ✧ 闭上眼睛或者凝视某个地方。

✧ 把手放在肚子上。慢慢吸气,让肚子鼓起来。然后再慢慢呼气,让肚子放松。

*注意你的呼吸节奏,尽可能慢一点、深一点,直到自己感觉心旷神怡。每个人的偏好不同,所以调整你的呼吸模式,找到你自己的舒适区。

锻炼

研究表明,每周进行几次半小时的锻炼可以提高执行力和注意力。像瑜伽这样的运动会特别有效,因为它能让你专注,让你更理智地思考。一定要在任务清单上留出运动时间,制定一个小目标。如果你目前没有运动的打算,那就从快走开始。相信你不想陷入新的焦虑!

啜饮含糖(但不要太甜)的饮料

我们需要能量来保持体力,喝点苹果汁(小口小口地喝)可以让我们的大脑充分保持活力。因为可乐和其他饮料的含糖量太高了,所以新鲜果汁是个不错的选择(甜味的饮料也可以起到镇定作用)。

备考小贴士

备考与正常学习差别不大，可能你会更有压力，那不妨试试下面的方法。

- ✧ 视觉冲击法。你可以利用课件、便签、思维导图（也有相关的App）。要精简有效，不要长篇大论，保持专注。例如：苏喜欢在海报上记笔记，然后贴在家里的墙上，随时随地都能复习；布赖迪喜欢用彩色便签记笔记，随身携带，便于学习。

- ✧ 考试前一晚不要死记硬背，也不要逃避学习。分散学习时间，从考试前一周开始，每晚学习一小时（或两个40分钟），不要在考试前一晚突击复习四小时。

- ✧ 提高学习积极性。被动学习只会徒增焦虑与烦恼，影响学习效率。研究表明，积极主动地学习比被动学习要好得多。你可以通过读书笔记、小组合作、复习知识以及与导师交谈来提高学习积极性。当你积极进行学习与思考时，你的注意力会更集中，学习效率也会更高。例如，菲比对她的英语考试很焦虑，所以她一直要求老师们给她布置额外的作业。尽管她很担心这样做会让老师们反感，但事实上老师们对她的表现很欣慰，反而给了她自信，结果她在期末考试中取得了好成绩。

- ✧ 睡前回顾。列出一张学习重点的清单，睡前看一看，这并不是说睡前也要学习，只是看看重点，加深印象。

来自萨莉·利特尔博士的建议

大学阶段是人生中的大变化、大动荡时期。无论你是不是第一次离开家、结识新朋友、学习新技能，独立生活与自主学习的压力都会让你的自信土崩瓦解，恐惧油然而生。你在大学时期感到焦虑是很正常的，尤其是在个人问题或学习问题的关键时刻（如人际关系、家庭生活或待办任务）。

很多在大学期间面临焦虑的学生从小就遇到过类似的问题，他们知道焦虑情绪是怎么产生的，也有自己的应对方法和策略。记住，不要把焦虑情绪内化、自己处理。作为一名大学讲师与课程导师，我鼓励我的学生在遇到困难时向他人求助。既可以向学校的老师求助，要求暂缓考试，也可以找个普通人（如牧民、家庭教师、室友或朋友）聊聊，这会很有帮助，他们可能是特别合适的谈心对象。

学生的焦虑是很常见的，正因如此，很多高校都有完备的心理健康咨询服务。除了老师是否平易近人、班级规模是否适当，以及学生与教职员工的比例是否可以接受之外，也要考虑大学的资助政策。小班的规模、低师生比、平易近人的讲师通常意味着师生联系紧密，可以实现一对一的教学。例如，在第一学期结束时，我能够记住所有学生的名字。当他们遇到困难需要帮助时，我会成为他们大多数人的首选求助对象。

对一些学生来说，仅仅是想想要完成的任务都会感到焦虑，他们垂头丧气，心情一团糟。在这种情况下，不妨试试自由写作。在此期间，你不必考虑细节，开启全新的思路，这可能会是一个思想碰撞、突破心理障碍、重振信心的好办法。它会把任务分解成独立的工作单元，这样你就可以逐步突破、整合、汇总。任务自然就会变得轻而易举了。

顺利毕业有时也会成为一项艰巨的任务。别急，慢慢来，先定个小目标。如果目标太大（即获得学位），就可能会引起焦虑；焦虑一旦产生，便会让你寸步难行。

在大学，你会在舒适区以外的空间感觉困难重重。但是，在不断经历、不断探索的过程中，你也许能够找到克服焦虑的办法。直面恐惧，问题也许就迎刃而解了。比如，当你第一次公开演讲时可能会感到害怕，不过，你一旦习惯它，那自然也就不足为惧了。所以，直面挑战，这是成长的必经之路！

第 6 章
成年的标志：独自生活

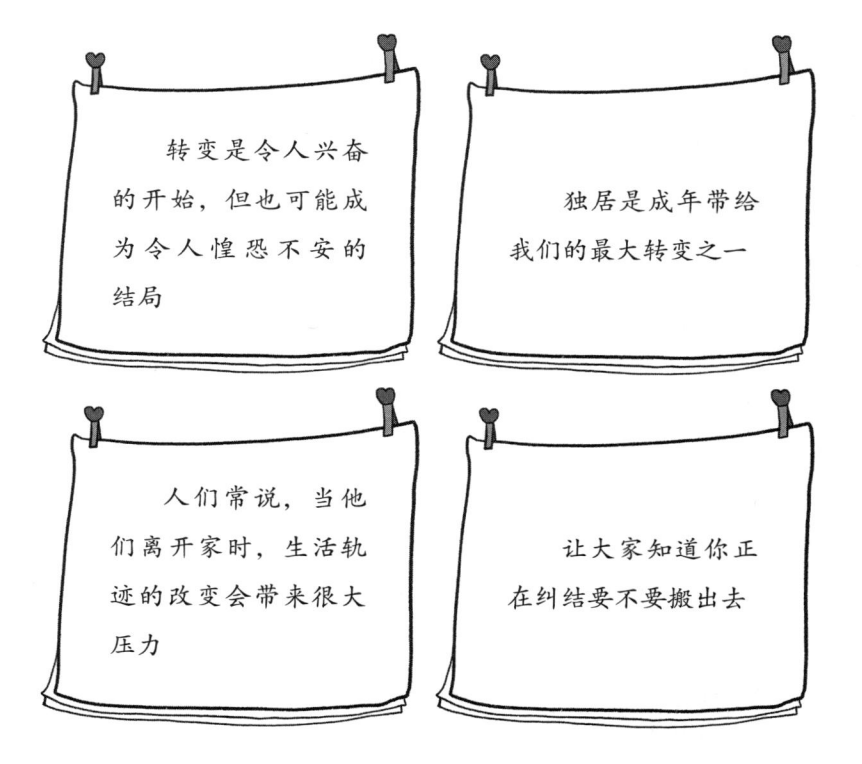

转变是令人兴奋的开始，但也可能成为令人惶恐不安的结局

独居是成年带给我们的最大转变之一

人们常说，当他们离开家时，生活轨迹的改变会带来很大压力

让大家知道你正在纠结要不要搬出去

很多人可能会跳过这一章，因为他们无法负担高涨的房价或租金，所以也就不可能从家里搬出去。不过，无论是搬进周边的公寓，还是搬到更远的学生公寓，甚至可能是出国学习或工作，独居都是成年带给我们的最大转变之一。以下是应对这一转变的几条建议（这些建议也可以被运用到你的其他人生大事中）。

直面告别焦虑

转变是令人兴奋的开始，但也可能成为令人惶恐不安的结局，这意味着我们要面临离别或失去（请参阅第1章）。如何应对过渡期，尤其是结束期，是一项重要的生活技能。在中学或大学里，经常会有班级舞会或毕业舞会，这些都是结束期的重要标志，代表着我们要和过去说再见，进入人生的下一个阶段。当你长大成人后，你会发现很多人开始逃避与他人告别。例如，当有人组织离职聚餐时，可能总会有一两个同事以头痛或者回去加班为借口，不参加聚餐。除此之外，还有人为了逃避与同事告别，甚至在最后一次轮班或上班的最后一天都不露面。例如，布赖迪最近换了工作，虽然她也想逃避参加这种聚会，但是她却没有这么做，这说明她现在已经成熟了，因为她不再讨厌这种事情。

有些人为了逃避告别可以做任何事情。比如，长期待在同一个工作岗位或一成不变的社交圈中，不愿意通过转变去重新开始。虽然始终待在熟悉的环境中会让你更有安全感，但如果你学着用自己的方式去缓解告别的痛苦和初始的焦虑，那么你就掌握了一项对你一生而言都很重要和有用的技能。

第 6 章 成年的标志：独自生活

为独自生活做足准备

一般来说，我们都没有对转变做好充足的准备，生活中的一些转变都是意料之外的，因此我们不仅要应对转变，还要应对转变附带的冲击。但对于搬家这件事，我们一般都有充足的时间提前准备，这有助于应对搬家带来的转变。然而，当焦虑来袭时，我们常常是把头埋起来装作无事发生，把所有的事情都拖延到最后去做。这些试图逃避的行为屡见不鲜，虽然可以理解，但都是无用之功，这意味着你在最后有无数的事情要做。因此，坐下来提前列出所有需要完成的事情，规划好完成的时间和方式（或者如何寻求他人的帮助），将会为你减轻很多压力。

当你刚搬出去住时，残酷的现实会带给你巨大的压力。例如，你要在陌生的城市中独自打拼，负担自己的所有开销；还要担心可能会失去家庭的情感支持。当你为了工作或学习搬出去住时，所有的一切都开始变化。你要去结识新朋友，独自度过与以往的生活方式完全不同的一天，减少与亲友的联系，直到当前的学习和工作画上句号（见图 6-1）。因此，我们建议你提前为这些转变做好准备。首先，做一些实际的准备（比如整理房间），然后熟悉你将要搬去的地方，如果足够近的话就去看看，这是个非常有效的方法，它不仅能让你了解这个地方，还能让你提前知道在哪里购买食物或就医，竭尽所能地做更多事情，这会让你更加熟悉这个地方，以做好万无一失的准备。

图 6-1　独自生活带来的各种压力

埃德的故事

18 岁那年，我搬进自己的房子开始独立生活。但是，我在心理和生理上都没有提前做好准备。我在公寓中恍惚度日，与世隔绝。我从不出门也不会使用公共交通工具，孤身一人承担所有痛苦。这给我带来了心理上的困扰，我感觉被全世界抛弃了，无人与我同住，我切断了与所有人的联系。这些经历以及自己的心理障碍导致我欠下很多债务。我发现自己很难去类似超市这样的地方，当其他人与我打招呼，问我今天过得怎么样，或者和我有眼神交流时，我都会变得非常焦虑。所以为了避免与他人互动，我通常使用自助结账的方式来付钱。

后来在他人的帮助下，我不仅还清了债务，还加入某个组织学习了很多新技能，比如如何应对自身的焦虑与其他不良情绪，这使我的压力得到了很大程度的缓解。给予我帮助的社工还给我安排了一些小任务，比如去当地的一家超市工作。另外，她还推荐我去做志愿者，这让我慢慢融入到各种各样的社交场合中去。迈出第一步很困难，但现在这些对我来说已经很轻松了。我现在已经可以和别人进行眼神交流了，虽然还是有一点不自在。

某些时候，我仍然不想和其他人交流，自己在焦虑中度过，但这种情况发生的频率越来越低。如果某一天我感到特别焦虑，那我会主动联系专家向其倾诉我的感受，我不再逃避这种感觉而是尝试让自己忙起来。我对自身的感受有着清楚的认识，也知道自己为什么会焦虑，所以我尝试做一些能够激发自身积极情绪的事情，或者试着让自己置身于焦虑的环境中，以此来证明我有能力应对这些问题。

保持内心的平静

当转变来临时，我们不得不走出舒适圈，而舒适圈外的生活往往会带给我们很大的压力，甚至让我们崩溃、失控。在这种时候，放弃良好睡眠和均衡饮食的基本原则将会让你的情况雪上加霜（请参阅第 10 章）。相反，有规律地吃饭、睡觉，恢复"正常"作息时间，照顾好自己的身体，这是一个好的开始。另外，必须为自己留出可以放松与清净的时光，无论是听音乐、散步，还是与家人打电话，这一点也很重要。

人们常说，当他们离开家时，舒适圈外的生活往往会带来巨大的压力。虽然你可能非常想离开那个舒适圈，但在离开之前，你最好花点时间思考自己想要的新生活到底是什么样的，以确保你能适应这样的新生活，始终保持身心健康的状态。

当你不在意他人的目光时，就不会有对比，也就没有伤害。当一场腥风血雨来临时，逃避往往是你的第一选择。但是，如果某件事导致彼此都不开心，那么最有效的方法应该是冷静下来并当面消除误会，而不是逃避。如果你能够坦然面对一次艰难的谈话，而不是逃避它，你就能够继续前进，不断成长，因为你已经尽己所能去解决这件事，没有留下悬而未决的问题。如果你把这些暴露出来的令人恐惧的事情当作检验能力的机会，那么，当意料之外的事情发生时，它往往可以提高你的应变能力。此外，如果你有焦虑倾向，总是沉湎于过去，妄自菲薄地认为自己不够好，那么问题的解决也会帮助你中和这种倾向，让你以更积极的方式看待过往。

哈利的故事

恐惧曾经萦绕在我的身边，侵吞了我的心。改变对我来说是一个巨大的挑战。比如离开熟悉的人，搬到新的学校，接触新的人群。我从未想过要独立生活，所以当我真正开始一个人生活时，焦虑占据了我的心头。几年后，我考上大学。在离开家的前九天，我的头脑一片混乱，并号啕大哭，乱发脾气，我感到压力剧增。当我感到焦虑时，我无法呼吸并且心跳加速，不仅没有食欲，还总是胡思乱想。我平常不爱哭，但是当我感到焦虑时，我会哭得不能自已。事实就是如此，尤其是在上大学前，我告诉所有人我不想去上大学。然而，他们都给了我同样的答案："你会去的，而且你会做得特别好，上大学是一件让人兴奋的事情。"但是，他们不能理解的是，我完全感受不到兴奋，取而代之的是恐惧。在这种时候，我只想一个人静静，不想和任何人说话，也不想交朋友，即便对我爱慕的女孩也是如此。

其他人都感到很兴奋，但事实上是我害怕去上大学，而不是他们，所以他们无法真正理解我的感受。我什么事情都不想做，只想逃离一切，这样我就什么都不用担心了。我觉得自己很滑稽。虽然我已经与世隔绝了，但还必须应付这所有的一切。我在精神上遭受了巨大的折磨，甚至想要退学。但值得庆幸的是，我的家人、朋友和我聊了聊，并在周末陪我出去散心，他们告诉我千万不能放弃，他们可以帮我找住的地方并将其他事情安排妥当。幸运的是，我租到了一间心仪的宿舍，我终于可

> 以逃离原来的一切了。
>
> 　　我尝试用各种各样的方法缓解焦虑，比如：长时间走路，以让头脑清醒下来；暂时逃离使我焦虑的一切，这对我很有帮助。虽然焦虑依旧会时不时地侵入我的生活，但忙碌带来的充实感使我放松许多。然而，我总要遇到新的人，处理新的情况和挑战，如搬家、深造等。虽然我仍然会对自己的未来感到焦虑，但是我已经学会循序渐进地去应对转变了。

学会告别

　　这里的告别不同于你出门时说的那声"再见"。顺利转变的一种关键方法就是学会告别。告别一般都代表着悲伤与痛苦，但有时也代表着庆祝。它不仅能开启你人生的下一篇章，还能让他人意识到你的重要性。如果你很难当面表达对方对你的重要性，或者他们曾经在某个时刻鼓励过你，那么你可以选择将想说的话写在一张便笺或明信片上，这是另一种让他们知晓你心意的方法。一定要提前准备好与某人的告别，否则告别的效果可能会差强人意。你可以举办一场大型聚会，或者在一家咖啡店甚至是回家的路上与某人告别。就像我们前面说的，分别会带来莫大的痛苦，但这也是你成长的必经之路。在告别之前，你可以和他们合影留念（把照片放在你的新家/新住处），记得一定要留下联系方式。此外，如果你要去的地方特别远，那么一定要提前计划好何时返乡，好好考虑重聚的事情。有时候，告别更像是自己内心对离别的真正释怀，而不仅仅是和他人说再见。告别的方式可以是多种多样的，比如，重游你最喜欢的地方，多拍点照片、做拼贴画或者写日记。

主动寻求帮助

一个有效应对转变的方法是，与对你而言很重要的人共同应对所有可能发生的转变，或者你担心可能出现的问题。

让大家知道你正在纠结要不要搬出去（这也可以让人感到兴奋）。不要对他人的想法妄加猜测（记住第4章中提到的：读心术是焦虑思维的陷阱之一）。当我们深陷困境时，需要别人的帮助。你的家人中有人会因为你的离去而难过，但也会有人羡慕你，认为你离开家是幸运的，尤其是你的弟弟妹妹们。谈心时，和别人分享你的忧虑可以让问题更容易得到解决，也可以缓解你的焦虑感，并增加你和身边人的亲近感。如果你不是一个善于寻求帮助的人，那就需要考虑一下在焦虑的时候你该怎么做或者该说些什么。如果你的家人正在为你的离去而难过，而且你也不能从他们那里寻求帮助，那你就要想想谁能让你感到放松并能为你提供帮助了。比如，你可以去寻求专业组织的帮助。

多给自己一些时间适应

当我们刚接触到新鲜事物时，感到焦虑不安（或者兴奋）是很正常的，所以搬出去住对于每个人来说都是一个全新的开始，并且是一个巨大的挑战。同样，即使我们知道自己会再次回到这里，告别时也还是会感到悲伤，这都是正常现象。我们要学会善待自己，学会自我反省，运用第 10 章和第 11 章的知识来帮助自己在这段相当困难的日子里能够保持一颗平常心。

应对转变的建议

- ✧ 做好准备！敢于面对困难，尽己所能熟悉即将发生的事情。
- ✧ 和信任之人谈心。
- ✧ 让生活在正常的轨道上运转。
- ✧ 学会告别与自我疗愈。
- ✧ 善待自己。

艾伦的故事

收到大学录取通知书后，我欣喜若狂。功夫不负有心人，经过多年的努力，我终于如愿以偿了，我对未来充满了希望。我身边的一些朋友已经在上大学了，他们经常在社交媒体上晒游玩的照片，我也想在大学体验这种经历，所以我迫不及待地置办了新生腕带和必需品，然后就动身了。

开学第一周，焦虑在我毫无防备之时侵吞了我。我和 20 个陌生人住在一起（都在一层楼）。他们彼此之间相处得非常融洽，只有我显得有些格格不入。我的大脑处于超负荷运转状态，

第 6 章　成年的标志：独自生活

这使我几乎每天都一个人长时间待在房间里；某一天，我意识到自己需要去医院了，因为焦虑让我的身体机能开始下降。我日益消沉，就像许多人说的那样：我错过了"一生中最美好的一周"。

我如此刻苦地学习、克服了那么多障碍进入大学，为什么开学第一周却成了一个如此大的挑战呢？因为大学对我来说是崭新的，超出了我的接受范围——我意识到自己需要帮助。我做的第一件事就是将这件事告诉亲友并寻求帮助。许多朋友告诉我，他们自己在大学的前几周也有相同的感受（在一定程度上），这给了我重新社交的勇气。事实证明，我的室友们也有着同样的感受……在一次晚上外出时，我向其中一人说出了我的感受，没想到这在其他人中引发了一种多米诺骨牌效应，其实他们过得也不愉快，他们也很想家。

当我知道我不是唯一有这种焦虑情绪的人时，我感到很安心；但是为什么其他人都没有表现出来呢？需要注意的是，大学前几周给每个人带来的感觉并不一样，所以各自的负面情绪的程度也不一样。刚进入大学的年轻人开启了新的生活篇章，为了有一个良好的开端，他们承受了太多的压力。有时我觉得自己好像不能有焦虑的情绪。不过，感到焦虑也不是什么大事。当知道我不是唯一有这种焦虑情绪的人时，我的孤独感和焦虑感慢慢趋于平缓，我终于开始慢慢享受大学时光了。

现在我即将进入大学的最后一年，尽管在大一时经历了焦虑，但我也算拥有了一次完整的大学经历。给刚上大学的同学一点建议：记住，总有人关心你、支持你——牢记这一点！即使你没有感到焦虑，也要定期与他们保持联系。此外，还要记住，交朋友是双向奔赴的过程，无论是你的大学同学还是在社会中遇到的其他人，他们也在等待着与你相识、相知——大学是一个丰富多彩的地方，好好利用它吧！不要让焦虑界定你，学会应对它！如果你正身陷焦虑，不要害怕，勇敢地去求助吧！

第 7 章
职场焦虑：如何平衡工作和生活

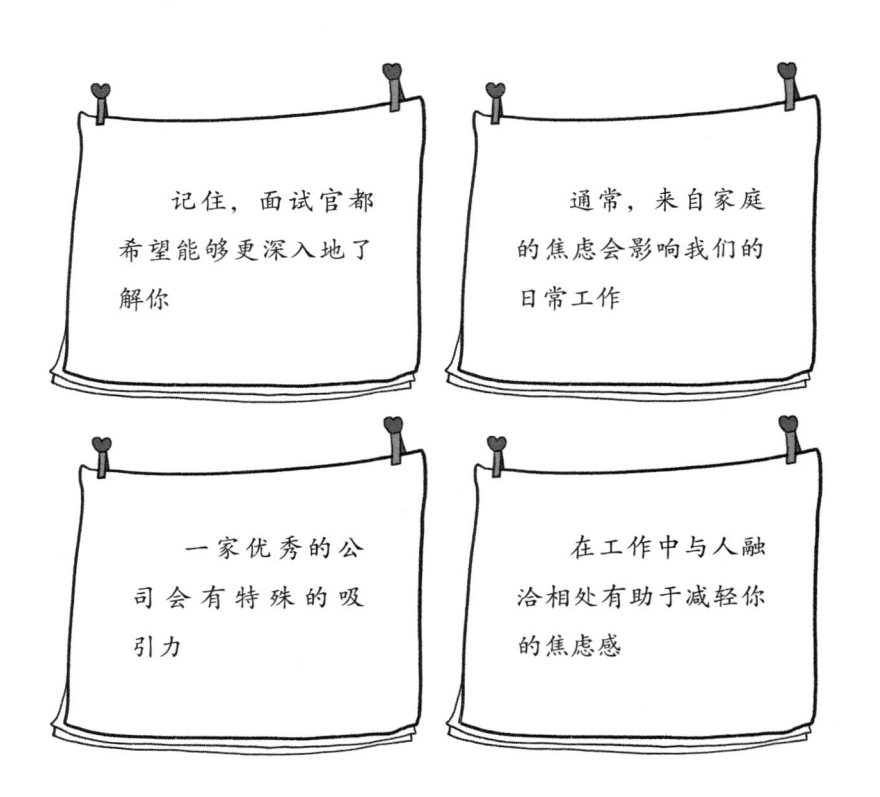

记住，面试官都希望能够更深入地了解你

通常，来自家庭的焦虑会影响我们的日常工作

一家优秀的公司会有特殊的吸引力

在工作中与人融洽相处有助于减轻你的焦虑感

在接下来的几年里，随着你逐渐适应一份工作或者继续深造，你可能会有很多面试。面试前感到紧张是很正常的，即使是那些表现很好的人也会紧张。典型的焦虑包括以下方面：

- 被评价或被认为"不够好"；
- 在面试中做一些愚蠢的事情；
- 紧张到不能说话或忘记要说什么；
- 失败/被拒绝；
- 完美主义（认为如果我不能给出最好的答案，我就会失败）。

缓解面试焦虑的 10 个技巧

这一章讲述了一些面试时的小技巧以及如何在这个过程中控制你的焦虑。

1. **照顾好自己**。在这本书中，我们常常会谈到照顾好自己的重要性（尤其是在第 10 章），这在你经历像面试这种充满压力的重大事件时更为重要。如果你能在面试前一晚睡个好觉，并且在面试当天吃一顿有营养的早餐（或者如果你很难消化食物的话，那么可以吃点零食），这就是你能为面试所做的最好的准备。这将意味着你的身体和大脑会处于良好的工作状态来帮助你渡过难关。你可以试着让自己的身体放轻松，早点睡觉，泡一个能缓解压力的热水澡，或者出去散散步、跑跑步。

2. **衣着得体**。面试时让自己舒服是很重要的（这取决于你要参加什么样的面试），但是最好能找一件舒服的衣服，也许是你以前穿过的。如果你在面试前一天晚上把它拿出来熨好，这会帮助你感到更加平静，让你感觉自己准备得很充分。你感觉越舒服，在面试官面前就会越自信。例如，有一次布赖迪穿了一双漂亮的高跟鞋去参加面试，但到那儿后她才意识到穿这双鞋走路非常困难。当她走进面试室时差点摔倒（不得不紧紧抓着门），面试结束后她痛苦不堪。

3. **记住这只是一次面试**。通常人们在面试前会给自己施加很大的压力，他们认为面试是他们职业生涯成功的唯一机会，但这并不正确。这次面试仅仅是你一生中可能要经历的数百次面试中的一次。记住，面试官希望在面试中能够更深入地了解你，在面试中你可以告诉他们你的工作经历、兴趣爱好以及你已获得的成绩。他们只是想进一步确认你是否适合所应聘的岗位，是否能融入团队。

4. **记住面试官和我们一样，也是普普通通的人（即使他们可以决定你是否能得到这份工作）**。当你刚走进面试室时会发现，有三个穿着考究、表情严肃的人正盯着你，就像三只可怕的怪兽在审视着你（如图7–1）。于是，你开始变得汗流浃背、头昏脑胀。在与面试官面对面时，我们感到非常焦虑，其实通常他们和我们一样，有时甚至比我们更焦虑。在我们的心中，他们可能面无表情，严肃冷漠得像个机器，但他们内心深处也有感情波澜。他们会理解你的焦虑，因

图 7-1　令人窒息的面试现场

为他们也曾有过这样的经历。因此，如果你需要花几分钟思考你的答案或者希望面试官们重复一遍他们所提的问题，那他们都会理解的。

5. **让你的热情散发光芒**。如果你真的想要得到这份工作，那就要让面试官看到你对这份工作的渴望。你可以先去关注他们公司的网站，了解他们公司业务的着力点（我们并不建议你在社交媒体上追踪他们，但是想了解他们的工作领域和与工作相关的着力点也许是有价值的）。告诉他们你为什么想要得到这份工作，为什么你想为他们公司效力。此外，与他人建立联系的最好的一种方式就是表现出对他们的兴趣。所以，试着听听面试官们在说些什么并且留神上心。

6. **请求面试官解释清楚他们所需要的人才类型是没有问题的**。如果面试官并不想给你得到这份工作的机会，那你还想要得到这份工作吗？所以，你可以问清楚一些问题，或者问一些关于团队和工作的信息。

7. **深呼吸**。你可以花几分钟时间让自己平静下来。稍做休息、深呼吸一两次或者在回答问题之前喝杯水（通常有现成的，如果没有，也可以要求面试官提供一杯）。你可以让自己的身体靠着椅子，脚踏实地放在地板上。注意你的呼吸——确保自己呼吸正常（有时我们会紧张到屏住呼吸），并且保持自己的呼吸缓慢而平静。放松你的肩膀，确保它们不是紧绷的，这会舒展你的身体，帮助你感觉更平静，让你看起来更自信。

8. **练习，但不要过度**。学习有关面试的视频资料和进行面试模拟也是非常有效的。你可以和朋友进行模拟面试，预测面试时可能要回答的问题，对着镜子进行练习。和你认识的人进行模拟面试通常要可怕得多，这将帮助你在面对陌生人面试时不会有更大的压力。但有一点很重要，不要过度准备。事先准备好回答的几个关键点往往比准备一份完整的发言稿要好得多，因为背诵事先准备好的发言稿在面试时会让人听起来不自然，或者可能无法全面回答面试官当场提出的问题（如果面试官提出的问题和你准备的回答有所不同的话）。如果你的回答是在面试现场根据面试官的问题当场斟酌和思考出来的，那你就会更加出彩。

9. **适合是第一原则。**面试是一个双向选择的过程。面试官会考虑你是否适合他们的岗位和团队，但对你来说，思考自己是否匹配这份工作或岗位也很重要。问一些关于面试岗位或团队的问题是很好的，既可以表现出你对这份工作的兴趣，也可以了解更多的信息，还可以根据他们提供的信息考虑自己对他们提供的工作岗位是否感到满意。

10. **在面试后好好犒劳自己。**有盼头总是好的，所以想好面试后的娱乐放松计划，可能会帮助你在面试时集中注意力。例如，我只要再为面试劳累一个小时，就可以去找我的朋友玩儿／吃巧克力蛋糕／踢足球／看我最喜欢的电影或电视节目。

来自面试官的建议

苏采访了一家小型医疗保健公司的总监和一位人力资源经理，看看他们对面试中感到焦虑的人有什么建议。下面是他们的回答。

苏：面试员工时，你最看重什么？

总监：敞开心扉非常重要。对自己敞开心扉，就是认识到自己的优势和需要改进的地方；对他人敞开心扉，可以展现良好的沟通能力；展现出一些弱点，说明敢于暴露自己的知识盲区。此外，还要愿意适当地分享，开放地学习（拥有学习/更多了解自己、他人和他们的工作的渴望）。在适当的指导下，大多数工作技能或任务都可以相对较快地学会，但培养社交和沟通技能、对人的理解和开放的态度则要困难得多，这需要一个更漫长的过程。影响面试的其他重要因素包括诚实正直的品格和强烈的职业道德感。在面试时，我们也会探究面试者身上存在的我们不想要的东西，诸如虚假、过分自信或狂妄自大这类不好的品质。

人力资源经理：我们会在面试者身上挖掘寻找很多东西。其中包括：一些个人特质，如热情友好的品格、灵动的眼神交流；与面试岗位相关的工作经历；一些必备技能、知识和解决问题的能力；团队配合能力；工作动机；面试这个岗位的原因，等等。

苏：如果有人看起来很焦虑地走进面试现场，那么你会怎么想？

总监：老实说，我认为这很正常，不焦虑反而是不正常的——这意味着你并不是特别想得到这份工作，那么在我心里，这份工作对你来说不够重要。在面试时，我宁愿有人表现得焦虑不安，也不愿他们表现得过于自信。我希望随着面试的深入进行，他们会慢慢放松。

人力资源经理：我预计面试者都会有一定程度的紧张情绪。我并不认为这有什么不好。今天就有一场面试，那位面试者已经30多岁了，他只有过两次工作经历，虽然这位面试者没能说出一些实质性的、让我们感兴趣的有用信息，但我认为这仅仅是因为他太过于紧张了。我们都意识到他很紧张，也缺乏一定的面试技巧。我们将在下周与他进行第二次面试。

苏：你在面试中有没有感到焦虑过？

总监：当然，有很多次。说实话，每次面试前我都会有焦虑感。我越想要得到这份工作，就越容易焦虑。对我个人而言，当我焦虑的时候，我往往会感到恶心，思维变得非常混乱，不能让别人清晰地了解我。焦虑带给我的其他症状还有口干舌燥和手心出汗。从积极的层面来看，我认为焦虑会告诉我，要面试的工作对我来说有多重要，只要不让焦虑占据主导地位，那么它反而会帮助我表现得更好。我现在意识到了这一点，所以在面试前我会事先进行一些准备，也会做些放松练习，集中精力调整呼吸。面试前我经常和我信任的人交谈，从他们那里得到一些积极的反馈，以此来增强我的信心。我会确保我做了一些准备，尽管我担心准备过度会让我更焦虑。然而，我做的最重要的一件事，似乎也是最成功的一件事，就是在做完自我介绍之后，立刻向面试官承认我很焦虑。我会这样说："我对这次面试有点担心，可能是因为我很想得到这份工作吧！"之后大多数面试官会帮助我放松，这让我感觉更加自在。

人力资源经理：在面试中我总是感到紧张，因为这涉及我的工作和职业发展，我认为紧张是正常的。在焦虑的时候我发现我的嘴会变得干涩，心跳加速。为了克服这一点，我提醒自己感到紧张是正常的，并且会做一些深呼吸。我试着对自己说："在不自在的时候要试着让自己感到自在。"

苏：你对面试者有什么建议吗？

总监：做自己，虚伪的人总是很容易被看穿；好好准备，对即将面试你的公司及其业务做一些调查，网络搜索通常是有用的，但

第 7 章 职场焦虑：如何平衡工作和生活

是，不用准备过度，该怎样就怎样；穿着得体，第一印象很重要；记得表现出你对这份工作的渴望，热情洋溢地谈论自己的事业的人总是容易脱颖而出；面试者要能够展现自己的能力所在，也要愿意说出自己的业务盲区，还要保持好奇心（它能体现一个人的主观能动性），如果有机会，那你一定要问面试官一些关于所面试岗位的问题。

人力资源经理：给自己预留充足的时间去面试现场，早到总比迟到好。如果你有机会，那你可以提前去面试现场熟悉环境，找到将要面试的办公室的位置。大声地多练几次面试时你所要说的内容。

面试公司通常会问以下问题：

- 请告诉我你在团队中工作的情况；
- 告诉我你在压力下工作的情况；
- 告诉我你在处理一个难缠的顾客的问题时会怎么做；
- 告诉我一些你引以为傲的事情；
- 你在目前的工作中最擅长的部分是什么；
- 工作中最让你感到不愉快的方面是什么；
- 你的职业规划是什么；
- 这份工作为何吸引着你来面试；
- 你对本公司了解多少。

确保熟悉自己的简历，这可能听起来有点傻，但你必须熟悉它。记住要尽可能多地了解面试的公司，这样你就可以在面试结束时提出一些好的问题。例如：

- 目前公司的团队规模有多大；
- 公司的发展方向是什么；
- 对于这份工作，贵公司要面试多少人；
- 我什么时候可以得到贵公司的回复；
- 在这里工作，你最喜欢什么；
- 公司最大的优点是什么；
- （甚至可以是一个大胆的问题）你觉得我今天表现得怎么样。

如果你提前做一些适当的准备，那么当他们问一些问题的时候你就不会大脑一片空白了。

苏：对于那些面试时感到焦虑的人，你有什么建议吗？

总监：焦虑是正常的。你可以向面试官大胆承认你的焦虑。记住一个道理：面试官也是人，不是怪物。和其他人一样，他们也有自己的生活以及恐惧和担忧，而且他们自己都曾被面试过。

人力资源经理：去面试现场前，要给自己多预留一点时间，这样就不会迟到，也不会让自己处于不必要的压力之下。记住面试官和你一样也是普普通通的人。大声练习你将要在面试中说的内容。了解面试公司的情况，预估几个面试官们可能会问的问题。记住，紧张是很正常的。面试也不是一个单向的过程，你面试的公司也是在向你推销这份工作。一家好的公司会花时间告诉你为什么你应该加入它。最后，把每次面试都当成学习的机会。你获得的经验越多，面试就会变得越容易。所以，要把每次面试都当作锻炼技能的机会，而不应把它看作不是成功就是失败的残酷过程。

7 招学会应对职场焦虑

我们知道，焦虑带来的心理问题会影响我们的家庭生活和日常工作，而来自家庭的焦虑会影响我们的日常工作。同样，工作中的压力或焦虑也会导致我们在日常生活中感到焦虑和精疲力竭。这会使我们很难从工作状态中切换出来；特别是当我们在工作时间之外收到电子邮件和短信时。在家里，我们难以入眠，茶饭不思，思虑太多，有时甚至把气撒在和我们亲密的人身上。在工作中，焦虑会导致我们工作困难，无法思考，在压力下惊慌失措，情绪崩溃（哭泣、愤怒），甚至莫名恐慌。具体可参阅第 5 章，了解焦虑是如何影响我们的大脑，导致我们工作和思考困难的。

最重要的是，焦虑通常代表你所处的环境存在某些问题，尤其是这种焦虑只有在你工作时才出现。所以，找出你感到焦虑的原因很有必要。

导致焦虑的原因有两方面：一方面可能是环境，包括工作时间太长、工作量太大（见图 7–2）、感觉自己能力欠缺、没有接受过相关培训、受到欺凌或骚扰、没有有效的途径来排遣内心的焦虑；另一方面可能与你应对焦虑的方式有关，例如，对自己不满意、缺乏自信、没有勇气说出内心的担忧或寻求支持。

焦虑感通常是上述两方面原因共同作用的产物。如果你的焦虑是在试图帮助你，或提醒你改正一些错误的事情，那么这种焦虑就不需要进行治疗。例如，它可能试图向你传递不应该再受他人欺负或者你目前的工作实在太多了等这类的信息。在这种情况下，对你

图 7-2　工作量太大带来压力

来说，更重要的是要停止被欺凌，或者在工作和生活之间找到更好的平衡。一旦你对焦虑有了一个很好的理解，那么你就会清晰地知道该怎么去做了。

因此，下面将介绍你在工作中与焦虑做斗争时可以使用的 7 种策略和技能。

开诚布公

苏刚开始攻读博士学位时，一位同事给她讲了一个故事。这位同事说，有一位导师在给博士上课的第一天，就把所有新生都召集到一个房间里，然后说："我们犯了一个管理上的错误。不幸的是，你们当中有一个人没有达到入学要求，没有资格读博，需要马上退学。"虽然导师所言并不一定是事实，但你觉得学生们在那一刻会有什么感受？他们中的大多数人可能已经开始恐慌，避免与他人目光接触，并认为自己是该被退学的那个人。这一刻是多么令人羞耻。我们将这种心理称为"冒名顶替综合征"。

我们经常会觉得：自己就是那个冒名顶替者，老板雇用我们是一个错误；当他们发现我们没有必备的工作技能时，就会解雇我们；他们会发现我们不够优秀，不适合所在的工作岗位。这种认为自己是冒名顶替者的感觉会让人十分纠结，并会导致我们：

- 尽己所能成为最好的员工；
- 承担更多的工作 / 从不说"不"；
- 从不寻求帮助或建议，害怕这会被视为一种弱点或是我们没有掌握本应拥有的知识技能；
- 试着隐藏我们的"失败"，或者假装我们能做超出我们能力范围的事情；
- 对我们的老板假装一切都很好，尽管事实并非如此；
- 最终感觉自己无能、没用，忧心我们的工作、未来和生活。

然而，当我们工作一段时间后，我们会发现，几乎每个人的感觉都是一样的，尤其是刚开始的时候。即使是高管，有时也会陷入完全无法自拔的焦虑之中，他们认为周围每个人都比他们知道的更多，他们不配待在自己所在的岗位上。所以，你对自己能做的和不能做的事情越坦然和诚实，你就会得到越多的支持来帮助你"学习未掌握的技能"。与你的老板敞开心扉进行讨论是很有用的，这种讨论可以发生在你刚参加工作等待老板评估的时候，甚至可以发生在任何你想要与老板交流的时候。尽管这些讨论一开始可能会让你感觉很受伤，但这种坦率的态度会慢慢帮助你构建和老板之间更好地沟通和理解的途径，使你有所收获并取得进步，避免将来在工作上出现问题。

即兴发挥

我们了解到，大多数人在某种程度上都是"即兴发挥"。"即兴发挥"是我们最喜欢的短语之一。苏甚至有一个刻着"即兴发挥"字样的小别针徽章。

这是一种在遇到困难等特殊情况下"尝试一下"的想法，在进行这种尝试的时候你需要尽己所能。这种尝试不一定要完美，它可以是有瑕疵的，但你一定要做到这一点，即勇敢地尝试一下。这样的想法意味着，虽然你可以感觉到焦虑，但还是决定完成任务。面对困难时你勇敢尝试的次数越多，以后就越能从容地应对这种情况，你的焦虑也会随之减少。

对你的同事保持好奇心

如果你不与周围的人建立一些关系，那么工作场所注定是一个孤独的地方。因此，为了不那么孤独，你要花很多时间和你的同事培养感情。与他人建立关系最好的一种方法就是对他们以及他们在工作和工作之余的生活表现出兴趣。你可以问问他们周末做些什么，家里都有什么人，他们的兴趣爱好是什么，他们在这个岗位上工作了多久，他们对公司了解多少，对未来有什么打算。分享一些你自己的事情，比如你的兴趣爱好，这也能帮助你和别人建立起联系。在工作中与他人相处融洽有助于减轻你在工作环境中的焦虑感。

表达与沟通

你有没有和你的老板讨论过他们对你有什么期待？这有助于你知道他们希望你做什么，以及他们希望你如何工作，有时还能缓解你的焦虑。如果你需要完成一项任务或一个项目，而你不确定何时做/在何地做/如何做/具体做什么，最好的办法就是确定一下他们到底期望你做什么，以及他们希望得到怎样的成果汇报。"三思而后行"可以降低沟通误会出现的概率。每个人都有不同的沟通风格偏好，所以也许你可以找出最适合你与老板沟通的方式，并试着找到一些你们的共同点。

例如，苏发现自己很难直接回答涉及她工作的复杂问题，她更希望自己在给出全面的答案之前有一定的时间（如几分钟）进行思考。所以，如果有什么特别的话题要讨论，那么她的老板通常会提前给她透露一些要讨论话题的信息。这不仅有助于苏对自己的回答更加自信，也能使她的思路更加清晰明了，能直切主题。她的老板非常欣赏这点。

变得自信

自信可以起到很大的作用，它可以赋予你自如地应对各种情况的技能，其中包括如何清晰地表达你的观点。在辩证行为疗法中，有一项技能是你可以学会的，它可以帮助你变得自信，即"让别人做你想让他们做的事"。这项技能被命名为"亲爱的人"（DEAR MAN），包括：

- D（describe）：以陈述事实的方式描述情况；
- E（express）：表达你对某特定情况的看法，例如我觉得；
- A（assert）：表明你的立场，清楚地说明你想要什么；
- R（reinforce）：强调如果对方做了你要求他们做的事情，将会发生什么（对他们来说会有什么好处）；
- M（be mindful）：牢记你的诉求，并坚持谈论你的问题，不要偏离正题，如果有需要，你就可以像一张旧唱片一样喋喋不休地阐述你的诉求；
- A（appear）：自始至终保持自信，保持良好的眼神交流，丰富的肢体语言（肩膀舒张），语言表达清晰；
- N（negotiate）：调整并尝试找到合适的解决方案。但也要记住，你对这个方案的采纳与否有决定权，如果有需要，你就可以果断地结束对话。

"亲爱的人"是一项有用的技能，它可以在你需要展示自信、要求别人做某事或拒绝某事的情况下使用。当你正计划说什么或给某人写一封电子邮件时，这项技能会很有帮助。例如，你可以用它让你的老板了解到你的工作量超出了你的能力范围。

在电子邮件中使用"亲爱的人"技巧

亲爱的安德鲁:

自从安德烈离开球队后,我接手了她的工作,但这意味着我很难在周末之前完成所有的工作任务(描述情况)。我觉得自己的工作量太大了,虽然我也在努力地做,但我感觉自己的工作质量已经难以保证(表达想法)。我们能否商量一下我下周的工作计划,看看我能在哪方面适当地减少工作量,以及团队中是否有其他人能够帮我承担一些额外的工作(坚定立场)?如果能把我的工作量减少到我力所能及的程度,那我应该可以及时完成所有需要上交的报告(强调减少我的工作量对他们的好处)。

如果你对这个计划满意,那么我是否可以与你的秘书联系,为我们下周的见面做准备(牢记自己的诉求)?

祝好运

苏

照顾好自己

缓解焦虑、改善身心健康最好的方法之一就是尽力照顾好自己。试试以下几种方法。

- **休息**。确保你拥有年假，并且真的在休假。休息对你的健康是有益的，它能使你精神饱满地重新回归到工作。提前敲定你的假期计划对你很有帮助，这样你工作时就有了动力。当你休假的时候，我们建议你好好放松一下，做一些有意思的事情（而不是把所有的时间都花在做一些无聊的事情上，比如保养你的汽车或者做你拖延至今的家务活）。
- **调节**。如果你拥有一份有着很大压力的工作，或者一个接一个地参加压力很大的会议，你就需要考虑如何在一天中调节自己的情绪（让自己感到平静）。我们可以给自己做一杯热饮；在办公桌的抽屉里放一些零食；在办公室里来回走动，和朋友谈谈心；在会议间隙做一些调节呼吸的练习或练习正念减压法。
- **确保你有时间享用一份丰盛的午餐**。不是在你的办公桌前将午餐对付了事！花时间和同事们待在一起或者做点放松的事。可以去散散步或去商店逛一逛。这可以让你的大脑变得更清醒。
- **建立起良好的工作—生活平衡关系**。工作结束后，及时关闭工作电话/电子邮件。不要把你的笔记本电脑带回家。我们要学会能够从工作状态中切换出来，而不是时刻深陷其中。如果你和同事们又是朋友关系，也许应该达成一个协议，即当你们在社交场合相见时，不要谈论工作，或者只用五分钟的时间来简单交流一下工作事宜。

在工作中寻求额外的支持

正如我们在整本书中讨论的，寻求一些额外的支持也是有用的，尽管在工作中这可能会让你的老板发现你的忧虑所在，会暴露出你的焦虑。与此同时，你的工作可能与你可以获得的职业健康或心理疏导服务有密切的联系。例如，苏曾在一家为员工提供福利支持的公司每周工作一天。

向老板倾诉自己内心焦虑时的技巧

- ✧ 选择和谁交谈。选择的对象可以是你的老板、人力资源经理或工作福利服务处的工作人员。
- ✧ 安排一个非正式的会面。选择一个你不太可能被打扰的时间和地点。
- ✧ 考虑保密性。你可能需要和他们讨论涉及保密的问题，这样他们向谁透露或者透露多少都需要经过你的同意。
- ✧ 做好准备。思考你想让他们知道什么。你和他们分享什么取决于你，提前做好准备可能有助于他们更好地理解你。
- ✧ 提出建议。提出关于他们怎么做或你的工作应该怎么进行调整的、可以帮到你的建议（如果你拥有的话）。这可能包括允许你跟随一位经验丰富的老员工进行学习。如果你感到特别焦虑，那你可以短暂地休息一下，或者定期请他们审查你的工作量是否合理。

第 12 章还提到了有关如何与人们谈论自己内心焦虑的建议。如果你的工作给你带来了很大的压力，尽管你做了很多努力，事情还是没有改变，那么你可能会选择离开这个岗位，这是可以的。保证自己的心理健康才是最重要的。

> **奥利弗的故事**
>
> 　　焦虑已经伴随我很多年了。我做个体经营时便感到焦虑，后来当我去一家大型公司工作时，焦虑感却被无限地放大了。公司像一台庞大的机器在不停地运转，而我只是其中一枚微不足道的螺丝钉，这种陌生感让我感到恐慌。当我审视自己的生活时，我意识到我还是比较幸运的。然而，在内心深处，我却被恐惧支配着，严重的焦虑感使我不得不去寻求帮助。我的焦虑感主要源于工作。某个周六的早上，我在逛超市，由于我对自己的工作太过焦虑了，以至于不得不跑去上厕所，身体感觉很不舒服。那一刻我意识到，我的生活必须有所改变了。
>
> 　　我很幸运，因为工作性质的缘故，我能够接受一个专业心理治疗师的治疗。此前我从未进行过相关的心理治疗，我发现我很难和别人开口谈论自己的情绪，所以这个过程让我感到陌生且不适。当我开始接受治疗的时候，我觉得我没有资格站在那里，凭什么偏偏是我接受这样的专业治疗？我觉得每个人都会感受到和我同样的痛苦，大多数人都讨厌他们的工作，那为何偏偏是我需要得到帮助呢？我意识到这种想法是出现心理问题的征兆。我害怕人们会对我有负面的看法，害怕别人认为我在借着心理问题博人眼球，更害怕我在浪费专业心理治疗师的时间。过去的我总是偏向于看到事情最坏的结果。我总是幻想

第 7 章 职场焦虑：如何平衡工作和生活

最坏的情况出现，也相信这些糟糕的事情会在某天发生。我担心别人会对我有负面看法，担心别人会对我感到失望，但最担心的还是我可能会丢掉工作。如果我失业了，那我该怎么办？失业无疑是最令我感到绝望的事情。我一旦失业，那么，不但家庭会走向破裂，而且我珍视的一切东西几乎都会离我而去。但后来我终于明白，所有的这些担忧和恐惧以及衍生的焦虑感都是可以被克服的，也许这些负面情绪不能被彻底消除，但至少我可以更加从容地应对它们。

通过回忆自己之前糟糕的境况以及焦虑带给我的负面感觉，我很快认识到，我看到的实际结果可能并不像我想象的那么糟糕。通过对比过去与现在，我意识到，如果焦虑再次来袭，那么我完全有能力渡过难关。我预想到的糟糕情况并不会在现实出现，我可以克服它们带给我的心理压力。因此，当一些棘手的情况出现时，我能够缓解内心的恐惧和焦虑感。把那些战胜焦虑的时刻记录下来，在焦虑再次出现时，这些被我记录下来的光辉时刻能使我坚信一切都会好起来的。从主观上来说，工作中大多数棘手的问题并不代表世界末日的到来，虽然它们可能会带给你世界末日般的压迫感。因为我当时遇到这些问题的时候就感到难以呼吸，身体在不停发抖、出汗，内心充满了灾难来临时的绝望。

只要遵循科学的步骤，大多数问题都会有相应的解决方法。面对焦虑时，你只需放慢呼吸，花两分钟让自己冷静下来。多数情况下，感到焦虑时我会去厕所进行长时间的深呼吸。我会带一些除臭剂进去，这样我就不会觉得别人因我身上的汗味而在死死盯着我。不要害怕承认自己需要暂时独处冷静一下。如果遇到问题死撑，那么情况只会变得越来越糟，直到完全影响自己的工作和生活。

我以前从来没有尝试过冥想，但是冥想在过去三个月里却帮助了我很多。每天只需提前10分钟起床，上网搜索一下"晨间冥想"，并遵照步骤进行练习。那么，它是焦虑的解决途径吗？不，但它能让你在开始新的一天之前得到放松。它让我在早晨便平静下来，让我意识到所有让我感到焦虑的事情实际上都无足轻重。

我离我想达到的目标还有一段很长的路要走。对我来说，工作决定着我生活前进的方向，它控制着我的情绪，影响着我的家庭，但就算我换了工作，我想工作带给我的焦虑同样会存在。然而，当我回望我所拥有的一切时，焦虑感也会随之减轻。感恩让人懂得珍惜现在，而不是总想着满足自己永无止境的欲望。当我和专业心理治疗师交谈时，他告诉我，我的情况很普遍。当知道出现这种情况的人不只是我一个人时，我一下子松了口气。当谈论内心的焦虑时，请不要感到尴尬，因为这是缓解你焦虑感的最佳选择。

第三部分

焦虑情绪自救

The Anxiety
Survival Guide

*Getting through
the Challenging
Stuff*

第 8 章
应对惊恐发作

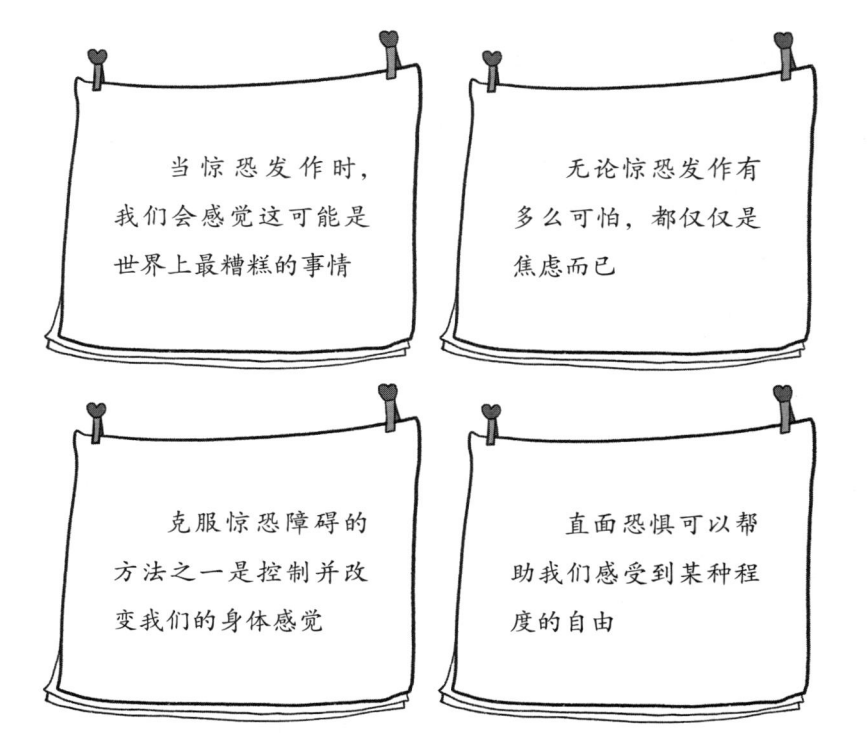

当惊恐发作时，我们会感觉这可能是世界上最糟糕的事情

无论惊恐发作有多么可怕，都仅仅是焦虑而已

克服惊恐障碍的方法之一是控制并改变我们的身体感觉

直面恐惧可以帮助我们感受到某种程度的自由

惊恐发作是一种相当普遍的现象，它会对大约23%的人的一生产生影响。当惊恐发作时，我们会感觉这可能是世界上最糟糕的事情。我们会感到紧张，感觉自己呼吸不畅、汗流浃背、颤抖、头晕、心跳加速，感觉周围的事物都是虚幻的，我们可能会胸闷气短。这会让我们感觉"我要窒息了！这种感觉不会终结！我难以呼吸了！"接着我们会产生身体上的本能反应。当我们试图吸入更多的氧气时（导致我们呼吸过度），我们会更加紧张、恐慌甚至头晕目眩——这又加剧了焦虑和恐慌！如此恶性循环，我们称之为"焦虑陷阱"。

惊恐发作存在一个问题，那就是我们可能不知道自身存在这种状况。尽管有时恐慌可能会在一个可怕的或艰难的情况下突然发生，但更多的时候它们似乎不知从哪里就会冒出来。我们会突然感到眩晕、呼吸困难或者认为自己有心脏病——这将使我们更加担心自己哪个地方出现了严重的问题。很多人都不知道他们正在经历的是焦虑，所以会选择去医院检查，但是检查后却找不出任何医学上的原因。

一旦经历过几次惊恐发作后，我们就会对我们身体的感觉保持高度警惕。我们变得有点像时刻警惕危险发生的猫鼬（见图8-1）。然而，因为我们总是过于警惕，所以可能也会开始注意本来没有问题的地方。例如，当我们感到胸闷的时候，我们会觉得自己的身体出了什么问题，或者我们将产生其他的恐慌（这可能会使我们在真正的问题发生之前就变得恐慌起来），从而导致更多的恶性循环！然而，胸闷可能只是意味着我们患上了轻微的感冒，并没有什么严重的问题。我们可以把这看作一个报告错误的、过于敏感的烟雾报警器，但有用的是，它也发挥了示警的作用。反过来，它也可能使我们在面包被烤糊的时候误以为发生了火灾，并在这种没必要恐慌的时刻撤离或大张旗鼓地救火。

当惊恐发作时，我们常常会对身体感觉产生误解。例如：

- 胸闷："我心脏病发作了！我要死了！"
- 呼吸困难："我要窒息了！我无法呼吸！我哮喘发作了！"
- 喉咙紧绷："我窒息了！"
- 感觉头晕目眩："我要晕倒了！"
- 感觉麻木（例如腿或手臂麻木）："我有严重的疾病。"
- 双腿发抖："我要摔倒了！"

图 8-1 时刻警惕危险发生的猫鼬

这些令人焦虑的身体感觉会令人非常不舒服，产生恐惧甚至痛苦的感觉。然而，不管感受如何，科学告诉我们这些反应其实没什么大不了，最终都会自行恢复正常。我们可以尝试通过做一些事情来改善这些身体上的反应（比如深呼吸），不过，这可能会导致我们过度呼吸，产生眩晕的症状，而这会让我们感觉更糟，甚至更加恐慌。还有一个危险是，我们可能会开始逃避一些情形、目标或人，并认为我们之所以能够生存下来是因为我们避开了这些事情。这强化了"避开一些活动、地点或人是一件很好的事情"这样的观点，如果我们不这样做，就会发生不好的事情。例如，因为开车时感到恐慌，就会设想自己在开车时会晕倒而逃避开车，但是我们在恐慌时，血压实际上会变得很高，所以是不太可能晕倒的！但你可能会认为你需要继续避免开车，以此避免一些不好的事情发生或者只是为了避免可怕的恐慌感。

虽然感觉很难，但当你真正面对这种情况（或者让你焦虑的事情）的时候，你会发现：尽管恐慌，但你还是能坚持下来的；虽然感觉真的很糟糕，但并没有什么不好的事情发生。直面恐惧可以让你感觉不那么被束缚。一些刻薄的心理学家要求其委托人在公共场合产生惊恐发作，这样委托人就可以意识到，就算惊恐发作，他们也不仅不会死亡、晕倒或窒息，而且大多数人是没有注意到他们的惊恐发作的，有的也只是对此表现出轻微的担忧而已。

如果你有惊恐障碍，而且想要寻求一些帮助，那么你首先要确定它不是因外力作用而引起的，比如摄入过多的咖啡因（浓咖啡或能量饮料）或使用药物（包括合法的兴奋剂），因为这些都会使身体产生类似的感觉。在你做任何事情之前，你要确保能够控制事态的发展，如果有必要，慢慢减少你的药物摄入，这会有一定的效果。

为什么焦虑会演变为恐慌

对于为什么焦虑会演变成恐慌，不同的流派有不同的看法。通常我们之所以会对某件事产生焦虑，可能是因为我们预见到了灾难，也可能仅仅是出于担忧，或者是因为那让我们发狂或失控的忧虑想法（这只会让我们更焦虑）。有时，或许我们的身体只是因为病毒感染而有轻微的不适，但这种感觉往往会被我们误解、放大，以为自己患上了不治之症，最终使自己陷入焦虑和逃避的恶性循环之中。

焦虑 × 焦虑 = 更多焦虑！

在第 1 章，我们谈到了身体是如何通过不断的进化来应对危险的，这样它就可以随时或战、或逃或僵住。所以，重要的是，我们要知道，我们的双腿发抖是因为血液迅速流向胳膊和腿，为我们跑步做好准备，同时也是为了保护我们的重要器官免受任何伤害。我们的呼吸频率和心率升高也是我们为战斗或逃跑做好准备的表征。我们的身体正在为应对威胁做好准备，但我们并不确定威胁到底是什么，所以很难理解这些身体反应的意义。我们的过度焦虑只会让事情变得更糟，这是毋庸置疑的。当感觉不好的时候，我们往往会产生负面的想法，这些想法通常是关于死亡之类消极的事情或者在别人面前让自己感到难堪的事情。

克服恐慌的方法

当惊恐发作时，重要的是你要记住，即使你当时感觉到这一恐慌是有害的，它也不会击垮我们，并且它终究会过去。无论多么可怕，多么恐怖，它都只是焦虑而已。我们可以学会接受和掌控焦虑。

"乘风破浪"

应对惊恐发作的主要方法之一是允许恐慌的发生，让自己知道自己可以克服这种状况，并且一切都会好起来。这有时被称为情感上的"乘风破浪"。要知道，如果我们不试图与它斗争的话，它很快就会被耗尽。花一些时间去面对那些可能会引起我们焦虑的较小事件，然后不断积累经验去面对那些会引起焦虑的较大事件，这也是非常有用的（请参阅第 11 章，以了解更多关于使用正念来控制情绪的方法）。有时人们喜欢把自己的恐慌想象成一个波浪，并注意到波浪在向大海移动的过程中会变得越来越小。

控制身体的感觉

另一种克服恐慌的方法是控制和改变自己身体的感觉。

- **锚定你自己**。这也被称为"接地气"。首先，坐在或站在一个坚固稳定的物体表面，例如，站着或坐着背对着墙，或者脱下鞋子，感受脚下的地板（想象你的脚"扎根"于地面）。或者坐在或躺在一个能让你陷进去的东西上，比如一张豆袋椅或一条舒适的羽绒被。你可能会喜欢用加重的毛毯，正如很多人发现的那样，它可以被用于缓解压力，让自己冷静下来。另一种锻炼自己的方法是使用"极端"的感官体验，比如吃一种非常酸的糖果，这也可以作为一种把你的注意力从焦虑中转移的方法。

- **让自己冷静下来**。当你感觉焦虑时，你的体温可能会上升。这时，你可以用冷水洗手、洗脸，或者喝一杯冷饮或吃一根冰棍。你可以把放在自封袋里的冰块从冰箱里取出来，然后把袋子拿在手里或者轻轻地贴在脸上。
- **呼吸**。放慢你的呼吸（尽管你可能有做快速呼吸的强烈愿望，但放慢呼吸会对你起作用）。你可能想把你的手放在胸部，这样你就能感觉到你的胸部随着每一次呼吸的隆起和塌陷。你也可以控制每次呼气和吸气的时间（例如吸气的时候数五个数，呼气的时候数七个数，然后开始进一步放慢呼吸的速度）。
- **放松肌肉**。当我们感到焦虑时，我们的肌肉会变得紧张。花点时间留意一下你身体的紧张部位，并渐渐让身体放松。通过留意肩膀、手、脸和腿这些部位能更好地检查自己的紧张程度，你也可以自己做一些渐进的肌肉放松活动（见第 10 章）。
- **联系**。有一个能保持冷静的人在你身边，真的会有帮助，特别是如果他能说服你完成这个计划的话。有一个你了解的人（比如一个亲密的朋友或家庭成员）支持你，也能让你在惊恐发作时感觉到更能控制好自己。
- **使用一个词**。你可以对自己说一个让你一想起就会感到平静或乐观的词或短语。它可以让你记起一个安全的地方、一个美好的回忆或一个人。同时，提醒自己"这种感觉会过去的，我以前有过这样的感觉，焦虑的感觉很快就会结束"，也是一种很有用的方法。

让自己变好

尽管当你读到这一章时可能会想："是的，是的，我可以做到。"但是最难的一点就是如何将这些内容付诸实践。我们越焦虑，就越不能清晰地思考问题。因此，当我们因惊恐发作而焦虑时，我们会发现自己真的很难记住一些使自己好起来的方法。以下是我们多年来总结的一些方法和建议。

- 把使自己变好的主要步骤打印到一张借记卡大小的纸片上，放在你的包或口袋里，以便需要的时候取出并用这张纸片来鞭策自己。你可能想在对自己有用的基础上让这些短语更加个性化一点。例如：
  - 靠墙站；
  - 请朋友和自己一起来；
  - 深呼吸；
  - 喝一杯冰镇饮料；
  - 我能挺过去——一切都会过去。

  如果你佩戴着工卡工作，那你可以将其附在工卡背后方便使用。

- 在你的手机上存放一些提示语。

- 在设置你的手机背景时，可以放置提示自己的一张图片或一些语句。
- 使用关于呼吸或放松的应用程序来引导你放慢呼吸或放松肌肉。
- 把你的计划告诉与自己亲近的人（以及一些很可能在你恐慌时站在你身边的人），让他们说服你。

练习，练习，再练习

有一个关于游泳池的例子总是浮现在我的脑海中——在没有救生衣或浮圈的情况下直接跳入深水中学习游泳，这样很可能会被淹死（我们希望你不会这样做）。但是我们可以先在浅水区用充气装置练习游泳，慢慢建立信心，然后再去深水区。这与我们在本书中讨论的应对策略是相似的。不要在你恐慌的时候进行第一次尝试，可以在你感觉平静或有点焦虑的时候进行尝试，然后在需要的时候逐步使用这些应对策略。

查理的故事

我是个会感到焦虑的孩子。尽管在我的成长过程中，家里时常会发生一些不尽如人意的事情，但是我的朋友很多，我在学校表现得很好，我觉得自己能够应对很多事情。我在大学里学习很努力（可能有点太努力），学习成绩也很好。我在20岁出头时，开始参加教师培训班，我不知道在严格的教师资格审查时要做哪些准备。我认为（我教书已经有一段时间了）即使对最自信的人来说，参加教师培训也是相当有压力的，这主要是因为它需要不断进行观察和反馈。这是我有生以来第一次经历一种压迫胸腔的焦虑。尽管我成功度过了那一年，但它使我意识到，焦虑可能是一种严重损害身心健康的不愉快的经历。

我第一次惊恐发作是在我正式成为一名老师时。当时我感觉很燥热，教室空气闷热，孩子们又吵吵闹闹。突然间，我不能呼吸了，感觉自己快要瘫痪了。我的脸在发烫，自己完全说不出话来，也动不了。我迅速走出教室去用凉水洗脸，并做了几次深呼吸。我成功回到了课堂上，但已经不记得多少东西了。在当时，我活了下来，但我真的很担心这种事情还会再次发生，尤其是当我被学生们注视或在全班同学面前说话的时候。

我注意到自己在有点紧张或感到炎热的时候，会更加焦虑。之后，我在教室里又有两次惊恐发作，但我不得不定期离开教室去洗手间缓解自己的状况，以确保不会再发作。我日复一日地控制自己，但我开始失眠，并担心什么时候会再次惊恐发作。有一个非常糟糕的状况是我真的感觉自己的心脏要停止跳动了，我的胸膛又闷又痛。因此我去了急诊室，医生真的很好，给我做了心电图和胸部 X 光检查，并坚信我的身体状况很好。他们认为这种状况可能是由焦虑导致的。

我感到很尴尬。我经常和朋友出去玩，但他们不知道我有多煎熬。我出去饮酒时感觉还不错，但是我很害怕在教室里，并开始怀疑自己可能不适合当老师。

第 8 章 应对惊恐发作

当我将这些情况告诉我的一个朋友的时候，情况立刻好转了。他们会说："哦，这听起来真糟糕，你应该和你的导师谈谈，这种事情可能不止会发生一次。"后来，当我和导师交谈时，他真的很理解我，并建议我去看全科医生。

全科医生所做的只是给了我一些在传单上都会有的、关于惊恐发作的信息，并告诉我他可以带我去参加一个治疗焦虑的心理健康支持小组，但实际上我觉得我根本不需要去参加。对我来说，同理心和一些基本信息就足够了。我确实有几次感觉这种情况会再次发生，但我练习了一些非常简单的关于呼吸的小技巧，并告诉自己"这会过去的，你做得很好"，然后现在我只会因为尴尬而脸红，并不会有严重的惊恐发作。现在，当我不得不在很多人面前讲话时，我有时也会感到越来越恐慌，但我能控制住，而且我知道，即使恐慌完全发作了也没关系。虽然这种状况令人不太愉快，但是也还好！

第 9 章

摆脱心中的"白熊"：强迫症的康复之旅

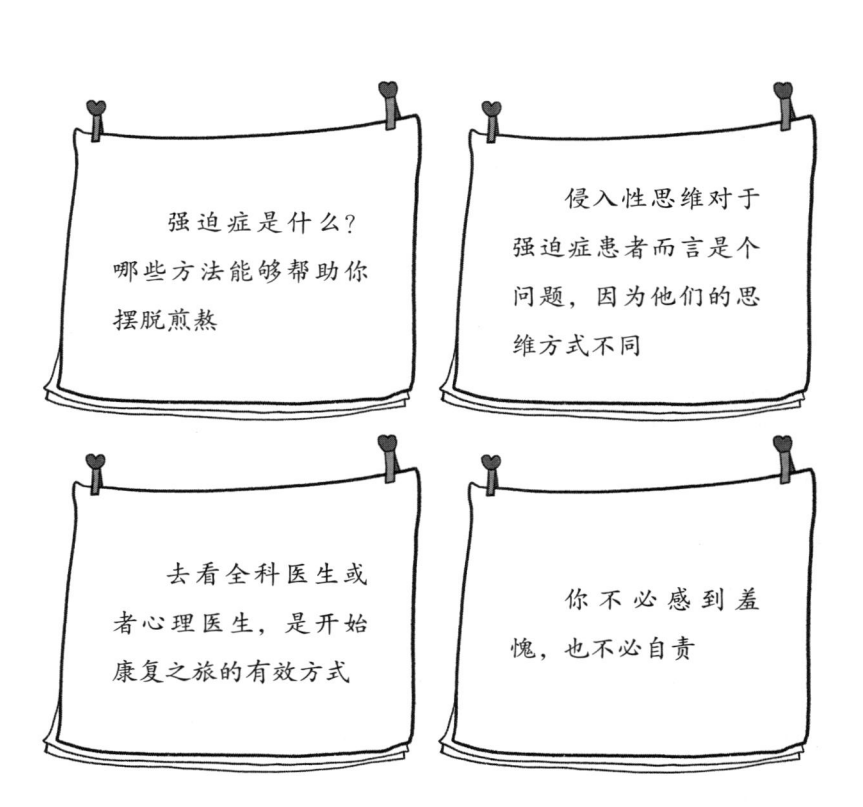

强迫症是什么？哪些方法能够帮助你摆脱煎熬

侵入性思维对于强迫症患者而言是个问题，因为他们的思维方式不同

去看全科医生或者心理医生，是开始康复之旅的有效方式

你不必感到羞愧，也不必自责

除了已经谈论过的焦虑经历，我们中的一些人也在被强迫症所困扰。虽然许多读者可能没有经历过强迫症现象，但我们认为介绍强迫症的相关知识及其影响，思考如何得到来自外界的帮助和支持，都是很重要的。

强迫症患者通常能够意识到，当生活发生重大转变，比如读大学、搬出去住或者谈恋爱时，他们思想和行为上的问题会表现得更加严重。因此，"成年可能会加剧焦虑感和强迫症"这一说法是有道理的。媒体和大众有时会误解强迫症，对这种心理和生理上的紊乱不以为意，进而加深了患者的病耻感，让他们无法正视自己的病因，并处于孤立无援的状态。在本章中，我们将讨论什么是强迫症以及当你深受其害时能通过哪些途径自救和寻求他人帮助。

强迫症的侵入性思维

OCD代表强迫症（这并不是个好记的名字）。强迫症患者的内心会脆弱得不堪一击。虽然每个人都在某种程度上有过侵入性思维，但强迫症患者更容易出现这种想法。侵入性思维颇具跳跃性，可能上一秒你感觉自己会把一个陌生人推到正在行驶的车前，下一秒就突然想象自己在不合适的地方脱光衣服。虽然你并不想胡思乱想，但这些想法却会在潜意识里迸发出来。你越是回避这种想法，它出现的频率反而更高、尺度更大，对此我们都深有体会。一些聪明的心理学家早就发现：你越不让人们做某事，他们就越想去做。比如，要求大家都别去想白熊，他们的脑子里反而想的都是白熊。

这是因为大脑正在监测"不要想白熊"这一目标达成的过程，那么大脑中就会更频繁地浮现出白熊，以检验目标是否达成！

曾经有一项针对 298 名心理健康的学生展开的调查。调查结果发现，虽然人们不经常谈论侵入性思维，但是它却不足为奇。从伤害别人到产生不正当的性欲，这都是你能想象到的侵入性思维的现象。并且，事实证明，人们总会在头脑中不自觉地萌生这种想法。比如，受访群体中，64% 的女性和 56% 的男性表示，他们的脑海中浮现过自己出车祸的画面；同时 18% 的女性和 48% 的男性曾经想象过自己伤害了陌生人。有证据表明，这些想法并非荒诞不经，而是很常见的，而且有过这些想法的人也并不都是"坏"人。我们可以试着把侵入性思维看作习以为常的事情。相反，如果我们认为侵入性思维会对自己或将来有可能发生的事情产生深远影响，那么这才可能会酿成大祸。

侵入性思维对于强迫症患者而言是个问题，因为他们的思维方式不同。很多人脑海中都曾浮现过乱七八糟的想法，多数人对这些想法不以为意，但强迫症患者却认为这些想法不容忽视。如果我们脑海中已经浮现过"侵入性思维"的场景（比如自己被家暴或者性虐待），或者如果我们在宗教信仰和教养的熏陶下，认为"好人就要一直保持善良"，那么这些想法就值得深入思考。

为了帮助你更好地处理这些"侵入性思维"，你可以试着换个角度找一下自己被困扰的原因。如果把思维比作超市里的传送带，那么多数人看到商品沿着传送带传递，只会关注商品的移动，不会想太多。而对于患有强迫症的人来说，他们会感觉传送带和商品都拥有思想，两者一起全速移动。他们无法带着暂时浮现在脑海中的"侵入性思维"场景来继续做自己正在做的正事，这会让他们觉得非常痛苦。尤其是当强迫症患者脑海中浮现出了他们所爱之人和自己身上发生坏事的场景时，他们常常认为自己不是个好人。

也许你的做法并不一定完全符合上述对"传送带"的比喻，但你了解一下它的含义也很有好处：强迫症之所以会成为一个问题，通常是因为强迫症患者难以将他们脑中难缠的念头剥离出去，陷入了思维上的困境，甚至是自寻烦恼，给其赋予了过多的象征意义，而其他的大多数人却能轻易地将其抛诸脑后。这本书中的许多观点对阻止你深陷这些意念很有帮助，所以请读下去！

如今，人们通常会将强迫症与"强迫行为"联系在一起，强迫行为是指那些用来抑制或减轻这些幻想的想法和行为。强迫行为会让人们的生活变得非常困难，并且不同的强迫症患者表现出不一样的症状：有些患者会因为害怕把重大疾病传染给亲人而反复洗手；还有些患者会为了防止发生危险而刻意地多按几次电灯开关。不管表现出来的是哪种症状，强迫行为往往会让患者觉得自己好像要"疯了"，其他人很难理解这种感觉。这会严重影响到他们正常的日常生活，他们需要先完成所有的固定程序才能出门。

你为什么会患上强迫症

该谈论这个话题了：一位戴着眼镜的老先生请你躺在沙发上讲

讲你的童年经历（见图 9-1）。虽然这是一个老掉牙的画面，但儿时的生活经历总能影响到你的身份认同、学习、处事方式等方面。

图 9-1 戴眼镜的老先生请你讲童年经历

虽然每个强迫症患者的病因是不同的，但几乎都会有某种潜在的压力源来驱使他们以"强迫症"的方式处理事情，从而获得安全感。对一些人来说，这种压力源可能是过去经历的挫折，但对另一些人来说，它可能是一种特定的恐惧感或安全感的表现。一旦你陷入需要用习惯来"抵消"侵入性思维的怪圈里，你就很难打破它并跳出这个圈子，而且你也很难回顾并发现强迫症和强迫行为源于何处。但对于许多人（并不是所有人）来说，这可能是控制强迫症的关键。

逃离螺旋式怪圈——控制症状的有效方法

还有许多不同的疗法,并且这些疗法通常有晦涩难懂的缩略形式,如"CBT"(认知行为疗法)或"CAT"(认知分析疗法)。这些疗法可能让人感到困惑和不快。去看全科医生或者心理医生,是开始康复之旅的有效方式。你可以与心理治疗师或心理学家共同探讨,以此来获得对你最有益的治疗方法。每种心理治疗方法都略有不同,但是它们都会对你有很大帮助。而且,你们最好也讨论一下你的嗜好、目标和预期成果。有人发现,有些心理健康机构和慈善机构成立的强迫症患者支持小组也让人觉得好处多多。除了治疗之外,你还可以从心理医生或精神科医生那里得到一些有助于缓解焦虑症症状的药物。和医疗服务人员公开讨论"你可以采取什么方式治疗""帮助你康复的最好方式是什么""这些方式是否包括药物治疗"等问题,总是会让你有所收获。

你可以一如既往地做一些事情,来减轻与强迫症相关的沮丧和焦虑感。关键在于你要尝试尽可能多的方法和能见效的方式。一些人发现,锻炼对应对精力过剩问题很有帮助;而另一些人发现,像做手工、弹奏乐器这样让他们频繁使用双手的活动也有助于缓解沮丧和焦虑感(更多关于自理的信息请参阅第 10 章)。

还有一些可以让你战胜侵入性思维的小妙招。把能支持你想法的证据写下来,问问自己,你的想法是真实存在的事物,还是只是一种观点?这些都是可能对你有帮助的做法(更详细的解释请参阅第 4 章)。以这种方式直面这些想法有时会让人望而生畏,所以正念可以是另一种学习活在当下、不被侵入性思维所困的方式（请参阅第 11 章）。你可能需要外界的支持来对抗强迫症。所以，在与治疗师、心理学家或者其他人谈话前，你可以做一些轻微运动、做手工或者散步来分散注意力，从而帮助自己减轻焦虑感。并且，你还可以买或者在图书馆借一些像戴维·维尔（David Veale）和罗布·威尔森（Rob Wilson）的《克服强迫症》(*Overcoming Obsessive Compulsive Disorder*)这样带有实用技巧的自助式书籍，从而实现足不出户缓解症状。

克服羞耻感

也许媒体在肥皂剧中所塑造的强迫症患者的形象对大家很有帮助，但这些通常都夸大了治疗的效果。我们也注意到，人们常常随意地称自己患有强迫症，但事实并非如此。例如，有些十分在意自己的桌子、房子、仓库的整洁程度的人，可能会说自己有强迫症或"有一点强迫症"，其实他们只是行为有点极端，但基本上在健康和正常的范围内。当你正在遭受痛苦，又听到人们当着你的面把你的病情说得很轻时，你很容易感到生气或愤怒。那么，你要知道：和你说话的人并不能完全理解强迫症是什么感觉。然而对于患者来说，这些令人受伤的经历对他们的生活产生了很大的影响，从来没有患过强迫症的人只了解到他们在媒体上看到的内容，并且可能习惯于把洁癖看作强迫症。这种误解让人很难不生气（甚至这样的看法有点蛮不讲理），一般来说，这些轻率的评论和态度背后的原因不是怨恨，而是忽视。

如果你感觉自己生气是因为别人的不理解，而不是因为别人的粗鲁态度，那就尽量温和地告诉他们：强迫症是什么，它会产生什么影响，它已经对你产生了什么影响，以及他们可以通过什么方式获得更多信息。你甚至可以给他们看本书这一章节的内容！

菲比的故事

对我来说，认真读这一章非常重要。因为从记事起，我就有了强迫症的症状，并在15岁时被正式确诊为强迫症。现在我19岁了，已经接受过包括CFT（慈悲中心疗法）、CBT和最近尝试的EMDR（眼动脱敏再处理疗法）等许多不同形式的治疗。多年来，我一直试图控制病症，让自己处于身心健康的状态，而且正做着自己想做的事情。

在强迫症最严重的时候，我连走过房间时都必须做着强迫性动作。而且非常令我沮丧的是，我连读书或看电视的心思都没有。在进行一些像走上台阶、拿起杯子这样的日常活动时，我会进入"僵住"状态。我会感觉自己被定住了，被头脑中"如果我没有多次敲击一件物品、大声数数、对着物品眨眼，就会造成可怕的悲剧"这样的想法吓到。我不得不一直做脑子里想的这些事情，直到感觉对了为止，在好的时候这些行为可能进行7次，不好的时候进行20次。这些痛苦的感受和习惯性行为导致我使用了一些非常消极的应对机制，而这些治疗帮助我用积极健康的方式（如编织等）来代替这些消极的做法。

第 9 章 摆脱心中的"白熊":强迫症的康复之旅

> 我的强迫症和创伤记忆有关。为了康复,我必须忘掉这些创伤记忆。医生用 EMDR 帮助我消除这些记忆带来的负面影响。虽然这非常艰难,但就在我刚刚结束疗程时,我感觉这确实是值得的。虽然我可能暂时摆脱不了强迫症,但是治疗使我增强了控制它的信心。如今,我掌握了控制症状的技巧,也可以好好应对生活。
>
> 直到几年前,我还对自己的强迫症避而不谈,并且会刻意隐瞒。当人们注意到这一点时,我就会撒谎或躲起来,这让我感到非常孤立无援。小时候,人们嘲笑我的行为,我就感到非常羞愧。一旦我敞开心扉,这才意识到有很多人的感觉和我一样,虽然还是会有一些人不理解我,但是尽力理解和支持我的大有人在。我自我封闭了很长一段时间,但患有强迫症并不意味着我必须独处。在你确信自己不能克服强迫症时,你身边的朋友、家人和医疗服务人员都可以帮你挺过去,因此你不必感到羞愧,也不必自责。最重要的是,你可以在身边人的帮助下控制住症状。我过去常常认为自己永远都不能控制住强迫症的症状,但如今我相信自己能做到。我也从未想过我会像现在这样独立自主。更令我诧异的是,我今年要准备申请读大学了!但这些的确是我面临的事实:我有了康复的可能。

第 10 章

如何在充满压力的世界中保持冷静和健康

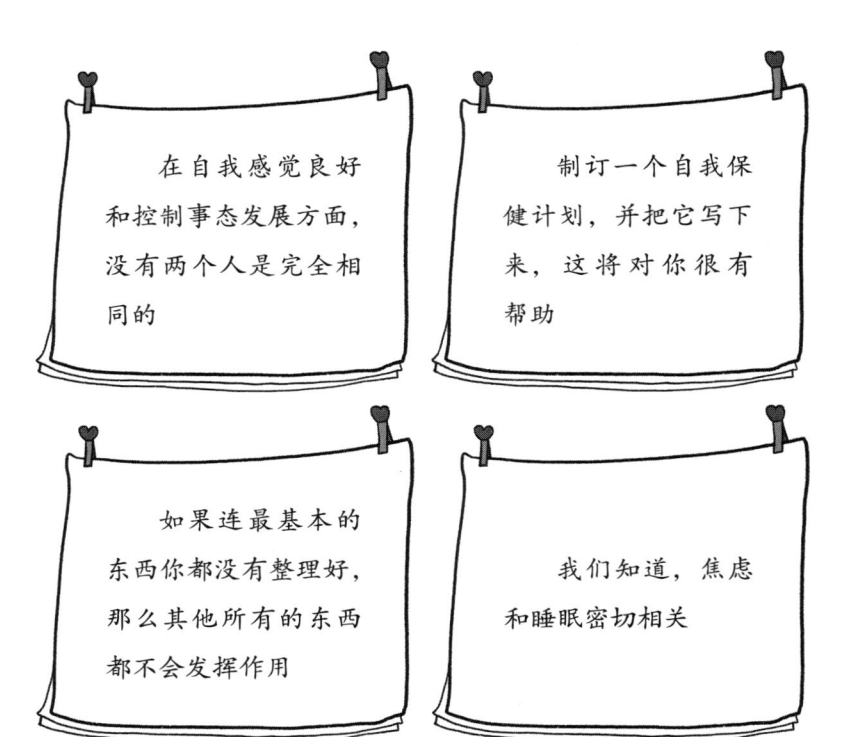

在自我感觉良好和控制事态发展方面，没有两个人是完全相同的

制订一个自我保健计划，并把它写下来，这将对你很有帮助

如果连最基本的东西你都没有整理好，那么其他所有的东西都不会发挥作用

我们知道，焦虑和睡眠密切相关

应对焦虑情绪清单

当你处境非常艰难的时候,特别是当你处于危机之中或一直感到焦虑的时候,如果有人问你睡得好不好、吃得怎么样或你是否经常喝咖啡,你可能就会感觉被蔑视或被侮辱了。不难发现,当人们觉得痛苦的时候,想要解决这个问题是需要下一番大功夫的。实际上,如果连最基本的东西你都没有整理好,那么其他所有的东西都不会发挥作用。无论你是正在承受工作的压力,还是临考复习的痛苦,抑或是正在处理一段棘手的人际关系,你都要首先问一下自己:"我关注自身了吗?"这意味着你:

- 睡眠充足;
- 一日三餐,并且营养均衡(吃许多蔬菜水果);
- 每周运动三次,运动方式至少是散步;
- 不喝过多的咖啡;
- 不依赖酗酒或摄入其他药物来缓解压力。

一旦完成了以上清单的内容,你就可以考虑我们在书中谈到的一些其他的方法和技巧。本章接下来将给出一些积极的应对策略。

睡眠

良好的睡眠对一些人来说似乎很容易,但对于另一些人来说却十分困难。我们知道,焦虑和睡眠密切相关。如果你感到焦虑,那睡眠就会变得很困难,但是失眠和疲倦又会增加你身体上的不适和焦虑感。

解决这个问题可能需要一些时间,也没有什么快速的解决办法,但是试试下面给出的六条小建议,慢慢地,你就会发现它们产生了一些效果。

1. **让你的卧室成为可以拥有最舒适睡眠的地方。**确保你的卧室温度适宜;为防止光线太亮,你可以安装百叶窗,如果做不到的话,那就戴上眼罩;在卧室里面放上柔软的毯子、垫子,以及记录美好时光和爱你的人的照片。对于那些压力过大、焦虑不安的人来说,定期更换床单通常不是他们的首要任务,但是干净、好闻的床上用品会让一切都变得不一样。

2. **养成良好的作息习惯。**虽然这听起来很无聊,但却是非常必要的。有规律的就寝时间和起床时间很重要。这会让你的身体形成一个生物钟,到了该休息的时候它就会提醒你该睡觉了。如果你前一天晚上没有充足的睡眠,在第二天白天补觉看起来是件很舒服的事情,但是最好不要这样做。尤其是如果你没有白天睡觉的习惯的话,在白天补觉,会扰乱你晚上的睡眠模式。即使你晚上睡得不好,感觉特别累,你也要尽力让第二天白天的活动按计划进行。当你感到疲倦或困倦的时候,最好试着让自己闭上眼睛快速入睡,而不是花很多时间在床上躺着干其他的事情。如果你不能快速入睡,需要 20 分钟甚至更长时间才能睡着,那你可以起床去做一些其他的事情,让自己平静下来或者感到疲惫之后再尝试躺在床上入睡(如果你依然不能快速入睡,需要 20 分钟甚至更长时间才能睡着，那就重复刚才的步骤）。

3. **知道应该避免什么**。通常人们认为能够帮助他们放松下来或者入睡的是刺激性的兴奋剂，但是它们非但不能帮助我们放松和入睡，反而会让我们更加清醒、警觉和兴奋。最常见的罪魁祸首是咖啡因、香烟和酒精，我们应该尽量避免在睡前四个小时内摄入它们。能量饮料也应该尽量少喝或者不喝，虽然它可能会缓解我们的疲惫，但同时也会妨碍我们的睡眠。运动对改善睡眠是很有好处的，但是应该试着在晚上睡觉前早些时候进行运动。除此之外，睡前吃点零食对睡眠也是有帮助的，但不要吃大餐。睡觉前，最好做一些能够让你平静下来的事情，而不是那些会让你更加清醒的事情。

4. **尽量减少干扰**。如果把床作为看电视、吃饭或电脑办公的地方，你就不会觉得床是睡觉的地方。你要尽力仅仅把床当作睡觉的地方。如果你生活在一个拥挤的小房子里，那么床会是你唯一的空间，但是如果有一张小桌子的话，你就可以不用在床上工作了。大多数人（包括你自己）睡眠最大的障碍就是看手机。无论是网上冲浪，还是看看谁在给自己发消息，都会时刻吸引你把手机拿起来，但是这会严重影响你的睡眠，让你变得清醒。研究表明，花过多的时间盯着手机屏幕会干扰睡眠，因为屏幕发出的蓝光会让人们的大脑认为此刻还是白天。你并不总能听从这些建议，但可能的话，把你的手机放在另一个房间里充电（最好是在楼下），这样你就不会被消息提醒的声音或手机上闪烁的灯光分心了。如果你用手机设置闹钟，那么最好买一个不贵的闹钟！

5. **处理让自己焦虑的事情**。可以把它们写下来，然后放在一边，分散自己的注意力（试着数数，从 999 倒数到 7，而不是数羊），或者把让你烦恼的事情写在厕纸上，然后放到水里冲走，这些都可以帮助你不再去想烦恼的事情，阻止你在睡觉前反复进行思考。我们都知道，晚上是最容易产生不好的念头的时间，所以要找到一种方法，可以把烦恼搁置脑后直到天亮，这是一个不错的主意，因为白天的时候可能感觉并不那么可怕。请参阅第 11 章，了解如何谨慎地处理让你感到焦虑的事情。

6. **放松**。放松你的身体可以让你感觉更平静且不那么焦虑，让你慢慢入睡。你可以去做深呼吸或放松练习，或者只是温和地、小心地释放你身体紧张的感觉。可以进行一些可以让肌肉放松下来的练习，慢慢地收缩和放松你的身体上从头部到脚趾的每一块肌肉，这也是缓解紧张情绪的好方法。有些人喜欢每天晚上泡泡浴或淋浴，作为他们晚上例行公事的一部分。在睡前喝一杯热牛奶也能帮助他们入睡，但非常重要的一点是，确保不要摄入含咖啡因的饮品。一些精油和香薰也能起到舒缓放松的作用，比如常见的薰衣草味道的香薰，当然你可以使用其他任何能够让你放松下来的味道的香薰。

食物和心情

焦虑常常会使人感到恶心，感到胃不舒服，所以食量可能会下降，甚至完全停止进食。有些人喜欢通过这种方式减肥，所以他们对此没有过多担心。但是低血糖会影响你的情绪，会让你感到头晕、头痛，甚至会加重你焦虑的身体症状。不过，也有一部分人通过暴饮暴食来缓解焦虑情绪，相当于通过吃掉食物来"吞下"焦虑的感觉，他们会吃得比自己想要的多，而且吃的通常是一些没有营养的食品。

少食多餐可以帮助缓解因焦虑引起的胃部不适，多喝水，多吃果蔬类小吃可以确保摄入足够的水分来保持身体健康。在你感到恐惧的时候，你可能觉得这不重要，但是规律的饮食和健康的食物确实会让你的感觉好起来。如果你心情不好的话，那么可以吃一些重口味的食物或者甜品，只要做到不对自己太苛刻就行了。我们都可以允许自己享受一下，这可以让我们下次表现得更好，但是如果对自己太严苛的话，那只会让我们感觉更加糟糕。

锻炼和活动

越来越多的证据支持锻炼和活动对心理健康的有效性，心理健康和锻炼之间的联系也越来越清晰。和其他人一起做事情，比如团队运动或参加跑步俱乐部，可以让你在没有太大压力的情况下更容易建立社会联系，同时也能激发体内产生内啡肽。如果你不想社交的话，那就出去散散步，在这一过程中关注你周围发生的一切。当你静静地穿过公园时，注意所有的声音、风景、感觉和气味，这可以帮助你专注于当下，同时也会给你的健康带来很多益处（更多正念练习请参阅第 11 章）。

掌控焦虑情绪的关键策略

你可能已经掌握了一些对你有效的掌控焦虑情绪的方法。对一些人来说，可能是攀岩；对另一些人来说，可能是瑜伽。在自我感觉良好和控制事态发展方面，没有两个人是完全相同的。

可悲的是，当我们觉得自己很差劲时，就会停止做那些让我们感觉良好的事情。我们知道，逃避通常是一种应对策略，可以是行为逃避（远离那个地方），也可以是认知逃避（不去想那件事情或试图忽略那些想法和感觉）。或者，你可能会对那些有压力或威胁性强的事情感到不安和愤怒，从而导致冲突，而这又会让自己感到紧张和愤怒。这并不神秘，想想是战斗到底还是逃跑！在能够很好地照顾自己的同时制定积极的应对策略，是掌控焦虑情绪并度过艰难过渡期的关键。下面将详细介绍一些能够起到积极作用的策略。

识别和管理情绪

增强适应力并应对焦虑及其他困难问题的关键是，首先要意识到你的身体在发生什么变化（你身体的哪些部位有这种感觉），以及伴随这种感觉你会产生什么样的想法。我们通常关注的是产生这种感觉的外部因素，而不关注自己身体内部正在发生的变化，也不关注自己正在思考的东西。我们只会对自己当前的感受做出反应。例如，你在社交活动中开始感到焦虑的时候，会觉得有威胁存在，可能会想"其他人是不是不希望我在这里"，所以你会迅速离开那个地方。管理情绪的第一步是注意我们的身体和环境正在发生的变化，在做出回应或反应之前，需要花一些时间来思考。从这个角度来讲，练习正念是很有帮助的（请参阅第 11 章），你也可以在日记中记录你的思想、感受以及身体的变化和感觉。

容忍不确定性

一无所知是很难受的。在孩提时代，父母常常保护我们，让我们免受不确定性事件的影响；长辈告诉我们，"善意的谎言"是为了让事情看起来似乎没有那么可怕。随着年龄的增长，我们意识到，在很多情况下，自己只能静观其变。试图控制无法控制的事情（比如，是否生病了，是否通过了昨天的考试）会把自己逼疯。能接受未知的或我们无法控制的事情是很困难的，但这是掌控焦虑情绪的关键——这在第 2 章中有更详细的介绍。对不确定的事情感到不舒服并为此挣扎是正常的，但是照顾好自己、努力改善当下比试图控制周围的环境或改变他人对我们更有帮助。

忍受痛苦

我们可能很想（甚至期望）一直都很快乐，但是生活中很少会这样。做人就意味着要面对损失、悲伤和痛苦，这些对我们来说是很困难的，但这也是我们在成长过程中了解自己和与其他跟我们处于相同境遇下的人沟通交流的一部分。

有时候,生活就是如此艰难,如果我们能接受它带来的悲伤、内疚、惭愧、愤怒这些感受,就能够管控这些情绪,熬过那些艰难的日子。这些都不是我们可以解决的问题,而是我们不得不克服的困难和应对的事情。通常,焦虑之所以会成为问题,是因为人们觉得自己不应该有那些感觉,因此他们会花很多时间思考发生的事情,以及他们或其他人是如何把事情搞砸的。然后就会陷入消极想法的漩涡之中,感觉也会越来越糟糕。他们也可能会故意忽视这种感觉,假装它不存在。

摆脱这种感觉的最好方法是去体验它、接受它,而不是故意逃避,然后找到一些让你感到平静、有活力或感觉良好的东西。

花一些时间自我调节

你可以躺在床上吃着冰淇淋,看你最喜欢的电影或者哭泣一会儿。如果感觉身体不适,那么你一定要照顾好自己;如果你遭受了情感上的打击,也一定要照顾好自己。如今,一些公司为帮助员工改善心理健康会鼓励员工休"偷懒假"[①]。只要确保你没有借助逃避而增加你的焦虑即可。

积极的活动

把你喜欢做的所有事情列一个清单吧。当你考试不及格,或者

---

① 国外公司允许员工在感觉劳累时可以享受的假期。——译者注

错过晋升机会，或者和朋友分别的时候，或许这个清单会对你有所帮助。写下你喜欢做的、想尝试做的事情，比如打保龄球、穿过哗哗作响的树叶、喂小鸭子，和朋友或同事一起去看恐怖片。请把它们一一写下来，放在你能看到的地方。如果你正处于挣扎的状况中，那么，下面的练习中，有一些例子可以参考（部分见图 10–1）。

图 10–1　一些积极的活动

练习：积极活动清单

- 去树林里散步
- 去海边散心
- 泡个澡
- 去游泳
- 去跑步
- 邀请朋友来家里喝茶或咖啡
- 给能让你开怀大笑的人打电话
- 放一首你喜欢的歌，边跳边大声歌唱
- 开车去一个美丽的地方
- 看你最喜欢的电影
- 去按摩
- 给自己买束花
- 给你爱的人寄一张明信片，告诉他你爱他什么
- 可以在视频网站或 App 上观看猫的视频
- 带小孩子去公园 / 喂鸭子
- 在家里和朋友玩拼字游戏
- 和地球另一端的人一起玩在线拼字游戏
- 加入一个俱乐部（如跑步 / 象棋 / 编织）
- 学习钩针 / 针织 / 缝纫
- 专心散步

- ✧ 烤一块蛋糕
- ✧ 画一幅画
- ✧ 清理你的衣柜

应对语句

网络上有很多模因①或者你可以学习的东西，它们可以帮助你在处境困难的时候用更有用的东西来代替那些焦虑的想法。有些人可能有他们自己的"咒语"，他们不断地从这些"咒语"中得到安慰。例如，一位年轻女士告诉布赖迪，她一遍又一遍地重复"我每天都会在每个方面变得越来越好"，这样的话语会让她感到舒心，同时她在说这句话的时候轻拍自己的腿，或者调整自己的脚步来配合"咒语"。在第4章中，我们提供了一系列积极应对的方法，如果你觉得很难想出一些方法的话，那么可以采用这些方法，但你在自己寻找方法的过程中也会产生一些乐趣。

善举

为别人做好事，哪怕是像称赞别人这样的小事，也会给你带来一些好处。比如，给别人烤个蛋糕，打印一张漂亮的照片并把它裱起来，主动帮助那些你认识的、需要帮助的人打扫房间或者购物。

---

① 模因是指文化的遗传因子，即文化基因，可经由复制、变异与选择的过程而不断演化。——译者注

第 10 章　如何在充满压力的世界中保持冷静和健康

这些事情都会给你带来好处。长时间的志愿活动也可以帮助你树立自信，让你产生积极的感觉。

奖励自己

我们在这本书中谈到的许多策略都是非常具有挑战性的，需要很大的勇气和很多的努力。因此，当你努力工作或试图克服焦虑时，不论结果如何，认识到这一点都是很重要的。你可以尝试用很多方法做到这一点。也许你想把它写下来，告诉你亲近的人，或者做一些你喜欢做的事情来奖励自己，比如看最喜欢的电影或者吃美味的甜点。例如，苏以前也曾在客户实现某些目标时写一些贴纸给他们——贴纸的内容是关于焦虑（如和新朋友交谈）、照顾自己（如和自己共情）或者成年人的事情（如做出重大决定）的。当我们获得成就的时候奖励一下自己，可以帮助我们专注于某些积极方面，而不是陷入焦虑的思维中。

放纵只是一种"速效药"

成年后，你常常可以获得一些自己在早期生活中不可得的或不能接受的应对策略。尝试吸烟、酗酒和使用其他药物可能是青少年模仿成人行为中的一部分内容。成年后，你不会受到同样的限制，饮酒或者摄入一些药物在同龄人中都会被认为是正常的。某些药物（包括咖啡因和非处方药）和酒精会加重你的焦虑程度，也会阻碍你处理棘手事情的能力发挥。成年人通过饮酒来解决一些棘手的事情，这在现实生活中是可以接受的，但这也会对成年人的身体健康

151

产生巨大的影响。不过，关于使用药物对人们的心理健康所产生的影响的研究和讨论较少。饮酒可能会让你在周六晚上更容易进行社交，因为酒精会让你感觉更加轻松而不拘谨。然而，你的过度放纵也可能会让你做出让自己感到非常尴尬和丢脸的行为。酒精在给你带来放松的积极效果的同时所产生的消极效应也会持续很长时间，这两者加在一起可能会让你整个周日都感觉非常不愉快。饮酒也可以帮助人们缓解夜间的焦虑，让自己更容易入睡；然而，更进一步讲，如果你的睡眠质量通常很差，感觉没有得到充分的休息，你就会在第二天感觉更焦虑。

可供人们讨论的、给人们带来影响的药物太多了。当你思考使用的药物或应对策略对自己是否有帮助的时候，需要考虑以下这些问题：

- 我在每次管控情绪时都需要使用这种药物吗？
- 当我应该做或需要做其他事情（如学习或工作）时，我是否在使用这种药物？
- 使用这种药物会让关心我的人担忧吗？
- 这种药物会妨碍我的日常活动吗（如我是否会因为宿醉而不能去上课或工作）？

人们有时会渐渐对使用毒品或酒精产生依赖，这是因为人们还没有找到应对焦虑和困难的其他方法。问题可能在于，药物只是一种"速效药"，是权宜之计，但它会存在许多长期隐患。所以，当人们尝试其他替代方案时，不会立即得到与之同样效果和感觉的替代品。这时，你可能需要弄清药物的功能，以及去寻找更健康、更有用的方法来控制焦虑。

因极度焦虑而引发的自伤行为

当人们感到极度焦虑时，他们可能会伤害自己，通常是割伤、抓伤或烧伤。这可能是他们控制自己或向他人表达自己的感受的方式。自伤这个话题太大了，因此我们在这里暂且不提。然而，你要试着找到健康、有效的方法来管控你的焦虑情绪，比如本书中介绍的一些减少自伤行为的方法，也可以通过跟其他人接触，让他们了解你的焦虑，给予你需要的支持。

如果你的自伤行为让自己感到担心，或者使你萌生想要结束自己生命的念头，那这时你就需要尽快得到帮助和支持了。我们建议你先和与自己比较亲近的人进行沟通，也可以求助于你的全科医生或慈善机构。如果你有结束生命这种严重的想法，或者正在计划这样做，就急需去找医生或者直接去急诊室接受评估，从而获得帮助。

制订自我保健计划

制订一个自我保健计划，并把它写下来，将会对你很有帮助。我们有一个模板，也就是下面的练习。

练习：自我保健计划

当你有压力时，你会注意到：

- ✧ _____
- ✧ _____
- ✧ _____
- ✧ _____
- ✧ _____
- ✧ _____

你需要确定自己能够：

- ✧ 得到充足的睡眠；
- ✧ 一日三餐多吃水果和蔬菜；
- ✧ 每周运动三次（运动方式至少是散步）；
- ✧ 不要摄入太多的咖啡因；
- ✧ 不依赖酒精或其他物质来应对压力。

你也可以通过以下方式照顾自己：

- ✧ 做一些积极的活动，比如：
    - * _____
    - * _____
    - * _____
- ✧ 告诉自己：
    - * _____
    - * _____
    - * _____

第 10 章 如何在充满压力的世界中保持冷静和健康

你可以请其他人支持你：

- ✦ _____
- ✦ _____
- ✦ _____

当事情变得非常艰难时，你会说：

- ✦ _____
- ✦ _____
- ✦ _____

当然，你也可以现在就坐下来做这件事情。

列出一份清单，你是否做到以下几点：

- 得到足够的睡眠？
- 一日三餐，多吃蔬菜、水果？
- 每周运动三次？
- 没有摄入过多的咖啡因？
- 没有通过酗酒或摄入其他药物来缓解压力？

然后你要确保通过行动完成清单中列出的计划，同时也要问问自己：

- 有什么警告信号提示我需要更注意照顾自己？
- 我可以做些什么来改善这一刻，从而让自己更加容易忍受艰难的情绪？
- 我能让别人做些什么来帮助和支持自己？

第 11 章
用正念缓解焦虑情绪

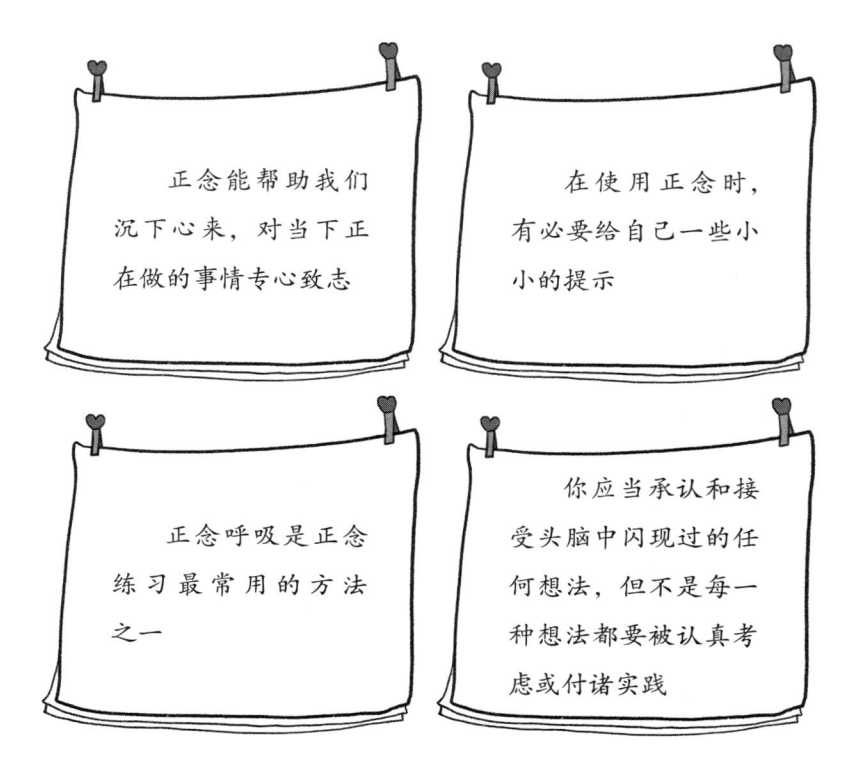

正念能帮助我们沉下心来，对当下正在做的事情专心致志

在使用正念时，有必要给自己一些小小的提示

正念呼吸是正念练习最常用的方法之一

你应当承认和接受头脑中闪现过的任何想法，但不是每一种想法都要被认真考虑或付诸实践

有时，在头脑中打转的种种意念会让我们觉得头昏脑胀，无法集中注意力，进而感觉不知所措。当有这种感觉时，人们也许觉得自己不可能捕捉这些意念并且实现它们（如第 4 章所讲）。人们常常觉得自己好像：

只是

　　想让

　　　　它们

　　　　　　都

　　　　　　　　停止！

我们可能会过于关注自己脑海中正在发生的事情（如好奇、反思、分析、计划等），以至于几乎忽略了当下正在发生的事情。正念是一种帮助我们集中注意力、保持冷静的技巧，它能让我们更清楚自己在做什么。现在就花上一分钟，把注意力从你的头脑中转移到周围的世界中去。注意一下：

- 你现在在哪里？
- 你能闻到什么（好好闻闻）？
- 你能听到什么（听你周围一切近的、远的声音）？
- 你能看到什么（形状、颜色、物品、纹理）？
- 你能感觉到什么（身体上的）？
- 你能尝到什么味道？
- 你现在感觉怎么样？

第 11 章　用正念缓解焦虑情绪

花几分钟的时间活在当下,把你的注意力从思想转移到身体和环境中,这会让你整个人像被按下了"暂停"键。当你停下来的时候,这种做法可以让你从脑海的"噪音"中解脱出来,让你感觉内心更加平静。如果你能在日常生活中为自己留出一些"暂停"的时间,就可能会发现"暂停"能增强你的幸福感。

日常生活中,我们有太多的事情要去做、要去考虑,以至于很容易忽略一些琐碎的小事。我们不假思索地做事,似乎自己已经进入了"半睡眠"状态。也许,我们会狼吞虎咽地吃下一包巧克力,却连它的气味和味道都没有去品味;也许,我们在开车回家时只是将注意力集中于脑子里正在想的事情,而没有留意沿途的美景;也许,我们走在街上,脑子里却总在想自己一会儿要喝什么茶、工作中发生了哪些争执,而不会去留意微风吹拂在皮肤上的感觉或脚下树叶的嘎吱声。这种情形被称作"自动驾驶"[1]。

正念是能够帮助你选择将思想集中于某处的一种技巧(无论你把它集中在思想、身体、执行中的任务、周围环境,还是当下)。正念练习可以帮助我们调动大部分感觉器官来专注于一个物体。

正念练习 1:聚焦食物

苏喜欢用巧克力(随便哪种巧克力都可以——她喜欢巧克力)来做这个练习,而菲比更喜欢用茶(因为她觉得沏茶的过程也是在

---

[1] 指无意识地或习惯性地行动。——译者注

进行正念练习，她可以感受茶的温度、闻到茶的气味、品尝茶的味道，把时间花在"做自己"和照顾自己上。另外，这些事情很容易就能融入你的生活）。做什么都行，只要是你喜欢的，只要能帮助你集中注意力就行。

做这个练习时，需要你用拇指和其他手指夹住一块巧克力。请你暂时抛掉以往对巧克力的认知，将注意力集中在面前的这块巧克力上，对其仔细观察：你能看到什么？你能看到哪些颜色？它是暗的还是亮的？它的质地是光滑的还是粗糙的？你能看到什么形状？巧克力的边缘是光滑的还是粗糙的？然后，请你把巧克力拿到鼻子前，闻一会儿。那么，你闻到了什么气味？它的味道很浓吗？是甜的吗？它能让你想起什么吗？用手指触摸巧克力，你有什么感觉？它是固态的，还是正要开始融化呢？它摸起来是粗糙的，还是光滑的？感受一下这块巧克力的重量。它是暖的，还是凉的？想想你对这块巧克力有什么认识，留意脑海中任何喜欢或不喜欢的想法或感觉。把巧克力靠近唇边，并注意你身体的所有变化。把巧克力放进嘴里，让它开始在舌头上融化。感觉怎么样？你注意到了什么？它尝起来怎么样？味道是变了还是没变？接着就吃了这块巧克力吧。

在这次练习中，你注意到了什么？你注意到的点是否不同于你之前所期待的？你注意到了哪些之前没注意过的巧克力的特征呢？

如果你不想用食物或饮料来做这个练习，也可以选择仔细观察其他物品（只是不要吃它们）。你可以使用鹅卵石、蜡烛、（粗糙的、蓬松的、光滑的）碎片材料、润肤露。你可以只关注一种感觉，比如视觉。设想你已经为面前的场景拍摄了一张照片——你能看到什么？注意颜色、形状、明暗、阴影、质地、花纹以及场景中一切特别吸引你注意力的事物。你也可以把意识带到活动中去：做一些你经常做的、并能将你带入一个新的意识层面的事情，比如，你可以在书店里走走，或者刷刷牙，这都是很好的办法。

正念练习 2：聚焦声音

另一个可以让你"忙个不停"的有用的练习是聚焦声音。你可以在任何地方进行这个练习，只是要选择一个你不会分心的时间。

做好准备后，你只需逐渐把注意力集中到周围的声音上，不论这些声音离你是远是近，不论它们来自你的头顶、脚下还是前后左右。你只需注意这些声音的变化。尽量不要给这些声音贴标签，注意它们的响度和音调就可以了。不要试图对这些声音做任何反馈，你不需要去寻找它们在哪儿，就让它们来去自由吧。

其他集中注意力的正念活动

你还可以做一些其他的正念活动，帮助自己集中注意力。下面是一些你可能会喜欢的活动。

- 吹泡泡。关注泡泡的颜色、形状和吹泡泡的过程，以及想让泡泡破裂的愿望。吹泡泡也能帮你减缓呼吸。
- 做一些能让你集中注意力的事情。比如，完成一项艺术任务，或者做有创造性的事情，如做缝纫活、做小手工、弹乐器等。
- 找到一件你的私人物品（如一块鹅卵石、一些珠宝）。随身携带这件物品，当你感到焦虑时，就认真观察它。
- 专心洗澡。当你洗澡时，注意水打在你皮肤上的感觉。这种感觉怎么样呢？看一看水，你看到了什么？你可能体会到了水温——是热的还是冷的？注意闻你所使用的肥皂的气味。
- 当你在泡泡浴时，让身体放松下来，沉到浴缸里，你会感觉很沉重。你的身体感觉如何？观察一下水和泡泡，你观察到了什么？是颜色、形状，还是气味呢？
- 当你产生了不该有的想法时，请你把注意力集中到一个物体（如一幅图片、一支钢笔、一张照片）上。仔细观察这个物体，你发现了什么？它摸起来感觉如何？当你走神时，把注意力拉回这个物体上。

正念练习 3：正念呼吸

短暂地冥想一会儿，对你进行正念练习会有帮助，也会帮助你提升技能。许多人会在日常生活中使用正念技巧，最常见的一种是正念呼吸。这项练习尤其有助于缓解焦虑，因为它可以促使你的呼吸变得更加舒缓和平静。

找一个舒服的姿势躺着或坐着。如果你选择坐着，那就把背挺直，让肩膀慢慢下沉。要确保自己感觉舒服。

当你感觉眼睑沉重时，如果感觉闭上眼睛会让你舒服一些的

第 11 章 用正念缓解焦虑情绪

话,那就轻轻闭上你的眼睛吧;如果感觉不舒服,那就缓缓地把目光停留在房间里的某个点上,注意保持一个柔和的焦点。请你留意自己的呼吸,慢慢地吸气,慢慢地呼气。

现在,请你注意自己的胃。吸气时,感受它慢慢隆起的过程;呼气时,感受它下沉的过程。

每次吸气和呼气时,都把注意力集中在你的呼吸上。

现在把注意力集中在你的鼻子上。当你吸气时,你会感觉到冷空气从鼻孔里穿过;当你呼气时,你会感觉到温暖的空气从口中呼出。如果你发现自己很难集中注意力,那你也许可以换一种方式:用嘴吸气,用鼻子呼气。

如果你注意到自己的心思不在呼吸上,那请留意一下是什么把你的思绪带跑了。然后,慢慢地把注意力带回到吸气和呼气的感觉上。不要评判你的想法,也不要评判你自己,顺其自然吧。

如果你的注意力常常不在呼吸上,那就每次都渐渐地刻意把注意力带回到呼吸上。

请你每天坚持做这个练习。希望你能体会到每天花点时间与呼吸相伴、其他什么事都不做的感觉。

当你感到焦虑时,就做正念呼吸,将注意力集中到呼吸上。每当你的思绪游离到一些无用的想法上时,就请你渐渐地把注意力带回到呼吸上。

像溪流中的树叶一样放空自己

我们可以把想法看作噪音。也许你有很多令自己焦虑的想法,但这并不意味着你担忧的这些事情就一定会发生,也不意味着这些事情很重要或者一定要被付诸实践。你要明白,"想法不等同于事实",想法只是想法。在练习正念时,你应当承认和接受头脑中闪现过的任何想法,但不是每一种想法都要被认真考虑或付诸实践(只让这些想法在你的脑海中像一阵风那样飘过就好)。你要渐渐让自己回到当下的状态,不要对自己过于严苛。不要给自己的想法下好或坏的定论,只需把它们当作一种客观存在就好。然后,我们就可以学会用一种对自己更有益的方式来回应身边发生的事情。

人们发现了一种很有帮助的思维活动——想象自己的思绪漂浮在树叶上,并随着小溪顺流而下(如图 11–1),这也是我们在正念疗法中常用的一种练习。你可以把自己想象成任何东西,也可以什么都不想。比如,想象你躺在田野里,看着云从你眼前飘过——它们大小不一,有的是灰色的,有的延绵不绝。你也可以想象思绪像泡泡一样随风飘走。有人发现了另一种有用的方法:把你的想法写在纸上,把这张纸揉成一团后扔掉(也就是留意那一刻你的脑海里浮现出来的想法,把这些想法写下来,做好标记,然后放下)。这个技巧在睡觉时尤其管用,你可以把各种想法都写下来,放进抽屉里,什么都不去想,让大脑充分放松,到第二天早上再做选择。如果你被太多的想法压得喘不过气,以上的方法也可能会有帮助!

图 11-1　像溪流中的树叶一样放空自己

正念练习 4：身体扫描

最后一个正念练习是审视你的身体。这尤其能帮助你在早晨或晚上让你的大脑得到放松。不过，你可能需要多加练习。你想做多久都可以。一些人喜欢设置闹钟（你甚至可以使用正念铃）来提醒自己结束练习，这样他们的思想就不会集中在他们接下来要做的事情上了。

找一段注意力高度集中的时间和一个让人身心放松的地方，要么坐下（把背挺直），要么躺在地板上。将身体置于椅子、地板（或垫子）上，感觉自己在往下沉，你的手臂越来越沉，腿也越来越沉，然后倒在椅子或地板上。让你的肩膀放松下来。当你感觉困意袭来、眼皮下垂时就轻轻地闭上眼睛，或者让眼睛渐渐聚焦于房间里的某个点。

把你的注意力集中在呼吸上，吸进来……呼出去……在你做这些动作的时候，注意胸部的起伏。如果你准备好了，就想象有一盏聚光灯正照射在你身体的某个部位，这有助于你将注意力集中于特定区域。首先，注意聚光灯的光线在你的腿部和脚部移动的过程。然后，注意你的腿和脚所产生的任何紧张感，当你呼气时，感受这种紧张感从你的身体释放出来，向下依次穿过你的腿、脚踝、脚掌，然后直达地面。

最后，想象一下聚光灯的光线在你的头部、脸部和颈部移动的过程。感受在这些区域的每一处所产生的紧张感。当你呼气时，感受从你身体内散发出去的紧张感，依次穿过你的肩膀、身体躯干、腿和脚，然后直达地面的过程。

做好准备后，请把注意力带回到你的呼吸上。感受聚光灯促使你把注意力集中到自己身体的过程。吸气时，留意每一处紧张感；呼气时，让这些紧张感释放出来，并感受它们从你的身体释放出去的过程。

做完这些后，请你活动一下手腕和脚腕，然后缓缓起身回到房间，开始新的一天吧。

第 11 章　用正念缓解焦虑情绪

正念练习的注意事项

不要让正念"帮倒忙"

并不是所有人都适合采用正念的方法。和其他的治疗技巧一样，正念只是对某些人有所帮助，对另一些人则无济于事，尤其是患有创伤后应激障碍的人（尽管修订版的正念可能会对这个群体有所帮助）。如果你尝试正念疗法后，发现它对你没有帮助甚至给你帮倒忙时，那么你最好不要再使用正念了。另外，如果你想更深入地研究它，那就去找一个同时受过正念和心理健康训练的专业人士请教一下吧。

我的注意力集中不了

当人们尝试正念练习时，"不能集中注意力"是他们面临的共同难题。我们太执着于以正确的方式做事，以至于对自己感到沮丧。

正念训练就像是让正在奔跑的小狗停下来，当你一开始告诉小狗停下来时，它不仅会在原地跳来跳去、舔你的脸，而且还会对你的指令不屑一顾。但是，当你带着小狗练习一段时间之后，它最终还是能学会保持不动的（大多数时候是这样，除非有猫走过）。对思绪的训练也是同样的道理。当你最初尝试正念练习时，可能会一直分心，并且很难坚持完成任务，这是正常的现象。经过反复多次练习之后，你的大脑会慢慢地更专注于这项任务（不过偶尔也会分心——每个人都会这样）。

身体中焦虑情绪的正念——"乘风破浪"

与管理焦虑情绪的方法类似，我们要学会注意、允许和接受身体中的焦虑情绪。有些人称之为"乘风破浪"的焦虑情绪（我们在第 8 章讨论过）。我们知道，在等待足够长的时间后，焦虑的情绪就会被耗尽。所以，我们可以接受这些情绪，等待它们过去。我们可以有意识地去探索这些焦虑情绪的感觉。回顾一下你在体验到它们时身体中的感觉。你身体中的哪些部位产生了这些感觉（是在你的胳膊、脸部、心脏部位，还是在腿部）？这些感觉是怎样的？这些感觉是否强烈？它们是怎么形成的？它们是在不停地变化还是一成不变？保持好奇心，探究你正在经历的事情。然后做几次深呼吸，让感觉"保持原样"是很有用的。不要和这些感觉对抗或斗争，你只需允许它们存在，并等待它们消失即可。提醒你自己，这些都是正常的身体反应，你要与它们和平相处。

尤其是在一开始的时候，你很难对这种感觉保持专注。但是，当你成功地驾驭了一两次焦虑情绪的浪潮并最终看着它们停止时，你就会重拾信心，能够再次驾驭这股浪潮。

随时随地记得练习

即使是出于好意，我们有时也会忘记练习我们学到的技巧。在使用正念时，你有必要给自己一些小小的提示。例如，苏有一块健身手表，十点之后手表就会提醒她运动步数不够（几乎每小时都会提醒她一次，因为她很懒）。所以，她抓住这个机会，认真做了三次正念呼吸。这帮助她在一天中得到了"暂停"的机会。又如，布赖迪每天早上都会做 10 分钟瑜伽，在这个过程中，她专注于自己的呼吸和身体，并为开启新的一天做好准备。有关正念的 App 可能也很管用。有个常见的 App 是 Headspace，它会提醒你练习，并提供指导你做好正念练习的练习题和短视频指南。

第 12 章
接纳焦虑的自己，学会求助

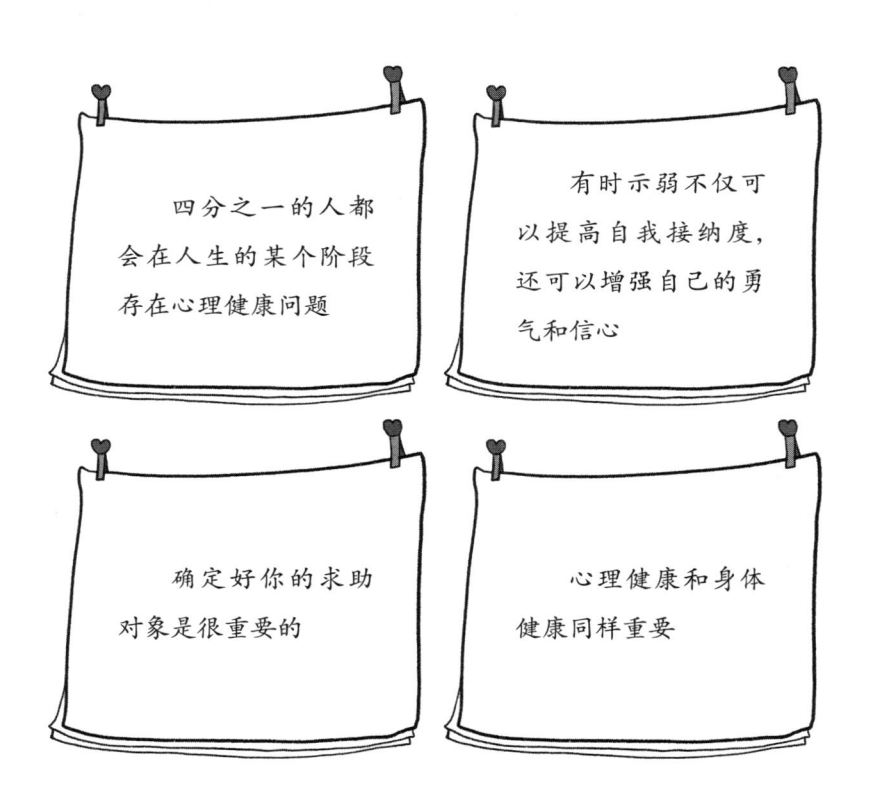

四分之一的人都会在人生的某个阶段存在心理健康问题

有时示弱不仅可以提高自我接纳度，还可以增强自己的勇气和信心

确定好你的求助对象是很重要的

心理健康和身体健康同样重要

尽管本书中有很多如何应对焦虑的建议和观点，但我们还是建议你让别人知道你的真实感受，这样他们才可以帮助你。在这一章，我们将介绍为什么向他人求助很困难，怎样去解决这个难题，以及你可以获得哪些其他的帮助。

学会示弱

承认自己正深陷困境并去寻求帮助并不容易，当你和别人交流内心的忐忑不安时，可能会感觉自己更脆弱。几乎所有人在向他人敞开心扉时都会感到担忧，纠结是否让他人"走进自己的内心世界"，其实这种担心是正常的现象。虽然承认这件事很困难，但更重要的是，我们要认识到向他人求助是利大于弊的。有时，示弱不仅可以提高自我接纳度，还可以增强自己的勇气和信心。让他人知道你的真实感受，让他们接纳你，给予你爱与关怀，也有助于强化这样一种观念，即有些问题并不是个人的缺点与不足，所以不应该因此改变对你本人的看法。

把你的焦虑带给其他人后再解决焦虑，似乎有违常理，但让别人知道你深陷困境意味着你的亲友可以更好地理解你、支持你，为你提供需要的帮助，例如带你去治疗或者帮你拿药。

向他人吐露心声

在你想好倾诉内容之前，确定倾诉对象是很重要的。他应该是一位能让你信任和感到放松的人，可以是关系较好的亲友、同事或者专业人士（例如全科医生），如图 12-1 所示。

图 12-1　向他人吐露心声

一旦确定了倾诉对象，你就可以开始思考倾诉的内容了。在这一点上，你可以提前把大概内容写在纸上，以后用它作为参考。例如，你想让对方知道你患有惊恐障碍，或者你正在与焦虑的想法和感觉做斗争。提前做好准备，这样你就可以循序渐进、有计划地告诉他所有的事情。牢记一点：向他人敞开心扉并不是你的义务，而是你的权利。

当你在思考想向谁倾诉或者倾诉的内容时，寻求你爱的人的帮助是个好主意。例如，某天你非常焦虑，你可以打电话给他们；或者当需要解决一些问题的时候，和他们交流有助于你从他们那里得到解决问题的方法。同样，当你不确定自己需要什么支持或帮助时，你们可以共同讨论应对焦虑的对策并检验其效果。

遗憾的是，有时他们并没有如我们所期望的那样来帮助我们，他们只是单纯地想"解决问题"，而不是倾听你的烦恼、体会你的情绪，这是一件令人很无奈（或很气愤）的事情，但我们也能理解。向他人吐露心声，有时得到的确实是一些无关痛痒的回答，比如，"你只是需要放松一下""没什么可担心的"，甚至还有"别瞎操心"，等等，这样的说辞只会让你感到自己被误解或被忽视了。

虽然很难得到他人的理解，但我们要清楚，他们无关痛痒的反应并不意味着你的感觉和挣扎是无效的。对于别人的焦虑，大多数人都很难感同身受地去理解，他们无法设身处地地为他人着想，无法真正为身陷困境中的人提供帮助。有时当你向他人倾诉自己的焦虑时，他们会感到猝不及防，那一刻他们也不知道该如何反应。但这并不意味着他们不在乎；相反，他们更担心情况会恶化，想要仔细思考一下该如何反应。如果你爱的人难以理解这种焦虑感，那就想想他们能做哪些力所能及的事情吧。比如，他们可以静静地倾听你的倾诉，也可以陪你去看医生，还可以陪你参加一项新活动，或者当你需要转移注意力时和你打电话聊聊天。

虽然有些人无法帮助你缓解焦虑，但可以肯定的是，总会有人愿意为你提供支持和帮助。记住一点，人们主要是基于自己的感觉和处理焦虑的能力来为你提供建议，而不是基于你的性格特点做出判断。如果你和他们第一次沟通后没什么效果，那就向其他人或者心理健康专家求助。

焦虑不是你的错

越来越多的媒体和社会群体致力于广泛地提高公众的心理健康意识，你会看到在你周边有越来越多关于心理健康的宣传，但是在这方面仍有很长的路要走。通常心理健康问题仍然会让人感到羞耻和尴尬。患有焦虑症或其他心理问题的人非常多，但这绝对不是软弱的表现，也不是任何人的过错。就像你不会因为生病去责怪别人，你也不能因为自己的焦虑而去责怪自己。生活是艰难的，我们都有承受不住的时候，这时我们就需要他人的帮助，即使你觉得没必要。

有时，人们会觉得社会在生理健康和心理健康之间制造了一道鸿沟，这会让你产生一种心理健康"不存在"或"不重要"的认知，但事实并非如此。心理健康与生理健康是同等重要的。就像我们的身体会变得不健康一样，我们的心理也可能会变得不健康，它们同样需要被关心与呵护。

四分之一的人都会在人生的某个阶段存在心理健康问题，所以我们不必因存在心理健康问题而感到羞耻，这并不是什么大事。很多慈善组织都会在官方网站提供关于焦虑的信息，有些网站还提供许多相同或相似经历的故事的链接。时刻提醒自己，你并不是一个人，还有很多人和你有同样的状况，慢慢地从羞耻感中走出来。我们希望本书中分享的故事可以让你不再感到孤单，让你相信事情都会慢慢变好的。

求助专业人士

当你和亲友交谈时可能会有心理障碍，但与医生或其他健康专家交谈也会带来很大的挑战。通常，医生的办公室和手术室的环境会让人产生一种压迫感。如果可以的话，找一个人陪着你，比如你信任的家人或朋友，他们可以在治疗过程中帮你缓解压力（当你感到压抑或焦虑时，帮你留意头脑中冒出来的那些想法）。虽然这样做能让你在和专家见面时更自信，但你最好还是告诉陪同者要怎么帮助你。例如，你需要自己去解释自己的感受，而不是让陪同者去间接解释。通常，医生会问你一些问题（比如你的感觉以及这种感觉所持续的时间），他们也可能会让你填写问卷，这样他们就能更好地了解你的问题所在，知道该如何帮助你。

医生可能会建议你去拜访几位专业的顾问，去接受专业的治疗或考虑服用药物。如果你对他们的建议有疑问，那你完全可以说出来。也会有一些非常便捷的网站，会提供很多关于药物和疗法的详细信息，这样你就可以更清楚地知道什么疗法适合你以及这些疗法是如何发挥作用的。

如果你觉得专业人士对你的诊断并不科学，也不要过于担心。你可以随时预约另一位医生，有一些全科医生和专家是专门研究心理健康问题的，他们有助于你增强让自己变得更好的信心。

第 12 章　接纳焦虑的自己，学会求助

大卫的故事

我一直认为自己是一个可以披荆斩棘、百折不挠的人，不在小事上斤斤计较。然而，意想不到的是，我曾经历了一年的焦虑期。在这期间，我的心理和生理都遭受了重创。

当我和爱人决定背井离乡移民时，焦虑占据了我的心头。那段时间，我非常想家，也花了很长时间思考未来，我可以选择移民加拿大，但是我无法想象移民后的生活是什么样的，这让我忧心忡忡。我担心移民这一选择将会改变我的人生轨迹，也不清楚移民后我能做什么工作以及如何养活自己。在多伦多时，我经常孤身一人。尽管通过我的爱人结交到一些朋友，但没有一个人能真正走进我的内心世界，也没有人真正在乎我是谁。让我最苦恼的是文化差异——我们的笑点和泪点不同，历史观和价值观也截然不同。我认识的人几乎都不认同我的历史观和价值观，这让我感到自己与这里格格不入。除此之外，我发现自己很难向他人吐露心声。我爱人的家人给我施加了很大的压力，这让我很难向他们敞开心扉，倾诉我的真实感受。而且我的亲朋好友都以为我在加拿大过得很好，所以也没有人过问我在这边的生活。我本以为可以处理好所有事情，但是现在，我有口难开，只能默默承受，这完全颠覆了我原来的自我认知。

未来到底要怎么办？我千思百虑却又毫无头绪，久而久之，便陷入这样的恶性循环无法自拔，仿佛有千斤重担压在身上。我开始与世隔绝、失眠、胡思乱想，甚至患上了湿疹和牛皮癣。

在人群中，我会感到紧张和焦虑，生活也变得索然无味。这种状态大概持续了一年，我试着坚持下去，希望事情能朝着好的方向发展。但是事与愿违，我终于在工作中爆发了，当我和经理在顾客付账时产生分歧后，就从酒吧辞职了。我终于受够了，再也坚持不下去了——可以说，水桶已经满了。从那以后，我再也没见过那位经理！

我花了很长时间重新审视自己，终于意识到自己需要帮助。我给父母打电话号啕大哭，倾诉了我的感受，发泄出来感觉好多了。一整年的焦虑似乎都在那次通话中奔涌而出，我如释重负，这对我来说是一种救赎。我也向爱人坦白了一切，告诉她我的真实感受，重新制定了回到英国的未来规划，以便我继续工作。我和好朋友说了在多伦多发生的一切，他们才知道我竟然如此痛苦。我在与朋友们沟通的过程中得到了许多建议和帮助，身心渐渐放松。为了克服焦虑，我开始跑步，这让我逃离了焦虑的泥潭，整个人都神清气爽，悠然自得，晚上也能安然入睡。

在这段时间，我深刻认识到，当自己感到担忧或焦虑时，最有效的方法就是向他人倾诉并寻求帮助。我意识到，想得过多只会让问题无限放大。向他人吐露心声对我来说帮助很大，不仅可以缓解我现有的焦虑，还能为我未来做重要决定提供帮助。同时我也意识到，无论在哪里，无论做什么，我都需要与他人建立联系，都需要归属感。现在，我有很多方法可以做到这一点。与重要的人保持联系，参加运动会或其他社交活动，追求能给自己带来愉悦感和成就感的爱好，这些都会是我未来要坚持做下去的事情。总有一天我会再次回到加拿大，而且我现在已经有了继续走下去的勇气。

The Anxiety Survival Guide: Getting through the Challenging Stuff

ISBN : 978-1-78592-641-9

Copyright © 2020 by Bridie Gallagher, Sue Knowles and Phoebe McEwen Authorized Translation of the Edition Published by Jessica Kingsley Publishers.

No part of this publication may be reproduced, stored in a retrieval system or transmitted in any form or by any means, electronic, mechanical photocopying, recording or otherwise without the prior permission of the publisher.

Simplified Chinese rights arranged with Jessica Kingsley Publishers through Big Apple Agency, Inc.

Simplified Chinese version © 2021 by China Renmin University Press.

All rights reserved.

本书中文简体字版由 Jessica Kingsley Publishers 通过大苹果公司授权中国人民大学出版社在全球范围内独家出版发行。未经出版者书面许可，不得以任何方式抄袭、复制或节录本书中的任何部分。

版权所有，侵权必究。

北京阅想时代文化发展有限责任公司为中国人民大学出版社有限公司下属的商业新知事业部,致力于经管类优秀出版物(外版书为主)的策划及出版,主要涉及经济管理、金融、投资理财、心理学、成功励志、生活等出版领域,下设"阅想·商业""阅想·财富""阅想·新知""阅想·心理""阅想·生活"以及"阅想·人文"等多条产品线,致力于为国内商业人士提供涵盖先进、前沿的管理理念和思想的专业类图书和趋势类图书,同时也为满足商业人士的内心诉求,打造一系列提倡心理和生活健康的心理学图书和生活管理类图书。

《灯火之下:写给青少年抑郁症患者及家长的自救书》

- 以认知行为疗法、积极心理学等理论为基础,帮助青少年矫正对抑郁症的认知、学会正确调节自身情绪、能够正向面对消极事件或抑郁情绪。
- 12个自查小测试,尽早发现孩子的抑郁倾向。
- 25个自助小练习,帮助孩子迅速找到战胜抑郁症的有效方法。

《折翼的精灵：青少年自伤心理干预与预防》

- 一部被自伤青少年的家长和专业人士誉为"指路明灯"的指导书，正视和倾听孩子无声的呐喊，帮助他们彻底摆脱自伤的阴霾。
- 华中师大江光荣教授、清华大学刘丹教授、北京大学徐凯文教授、华中师大任志洪教授、中国社会工作联合会心理健康工作委员会常务理事张久祥、陕西省儿童心理学会会长周苏鹏倾情推荐。

《未成年人违法犯罪（第10版）》

- 中国预防青少年犯罪研究会副会长、中国人民公安大学博士生导师李玫瑾教授作序推荐。
- 一部关于美国未成年人违法犯罪预防、少年司法实践和少年矫治的经典力作。
- 面对未成年人违法犯罪，我们只能未雨绸缪，借鉴国外司法和实践中的可取之处，尽可能地去帮助那些误入歧途迷失的孩子。

《你好！少年：青春期成长自画像（第7版）》

- 青春期是过渡期、是转折期、是花样年华期、是"心理上断乳"的时期，更是人生发展的加速期！
- 16位花季少年的16个青春期真实故事，带你解锁青春期成长之谜，学会与青春期和解！